专项职业能力考核培训教材

电子元件焊接

重庆市职业技能鉴定指导中心　组织编写

中国劳动社会保障出版社

图书在版编目（CIP）数据

电子元件焊接 / 重庆市职业技能鉴定指导中心组织编写. -- 北京：中国劳动社会保障出版社，2024.（专项职业能力考核培训教材）. -- ISBN 978-7-5167-6765-8

Ⅰ. TN60

中国国家版本馆 CIP 数据核字第 20248DU197 号

中国劳动社会保障出版社出版发行

（北京市惠新东街 1 号　邮政编码：100029）

*

北京市白帆印务有限公司印刷装订　　新华书店经销

787 毫米 ×1092 毫米　16 开本　5.25 印张　96 千字

2024 年 12 月第 1 版　　2024 年 12 月第 1 次印刷

定价：20.00 元

营销中心电话：400-606-6496

出版社网址：https://www.class.com.cn

编审委员会

主　任　王华源

副主任　宋　琦　张扬群　余朝宽

委　员　刘珊珊　邓仁康　王荣森　刘　兵　朱　烨　李　强

刘洪斌　王渝龙　王　函　徐立志

本书编审人员

主　编　刘　兵

副主编　李永佳　王渝龙

编　者　王　函　徐立志　李　强　刘洪斌

主　审　苏　羿

前言

职业技能培训是全面提升劳动者就业创业能力、促进充分就业、提高就业质量的根本举措，是适应经济发展新常态、培育经济发展新动能、推进供给侧结构性改革的内在要求，对推动大众创业万众创新、推进制造强国建设、推动经济高质量发展具有重要意义。

为了加强职业技能培训，《国务院关于推行终身职业技能培训制度的意见》（国发〔2018〕11号）、《人力资源社会保障部　教育部　发展改革委　财政部关于印发“十四五”职业技能培训规划的通知》（人社部发〔2021〕102号）提出，要完善多元化评价方式，促进评价结果有机衔接，健全以职业资格评价、职业技能等级认定和专项职业能力考核等为主要内容的技能人才评价制度；要鼓励地方紧密结合乡村振兴、特色产业和非物质文化遗产传承项目等，组织开发专项职业能力考核项目。

专项职业能力是可就业的最小技能单元，劳动者经过培训掌握了专项职业能力后，意味着可以胜任相应岗位的工作。专项职业能力考核是对劳动者是否掌握专项职业能力所做出的客观评价，通过考核的人员可获得专项职业能力证书。

为配合专项职业能力考核工作，在人力资源社会保障部教材办公室指导下，重庆市职业技能鉴定指导中心组织有关方面的专家编写了专项职业能力考核培训教材。教材严格按照专项职业能力考核规范编写，内容充分反映了专项职业能力考核规范中的核心知识点与技能点，较好地体现了科学性、适用性、先进性与前瞻性。相关行业和考核培训方面的专家参与了教材的编审工作，保证了教材内容与考核规范、题库的紧密衔接。

专项职业能力考核培训教材突出了适应职业技能培训的特色，不但有助于读者通过考核，而且有助于读者真正掌握相关知识与技能。

本教材在编写过程中得到了重庆市渝北职业教育中心、重庆中燃城市燃气发展有限公司、重庆市渝中职业教育中心等单位的大力支持与协助，在此表示衷心感谢。

教材编写是一项探索性工作，由于时间紧迫，不足之处在所难免，欢迎各使用单位及读者对教材提出宝贵意见和建议，以便教材修订时补充更正。

目　录

培训任务 1　焊接准备

学习单元 1　焊料、助焊剂……2

学习单元 2　焊接工具……5

学习单元 3　电烙铁使用方法……11

培训任务 2　焊接实施

学习单元 1　直插元器件焊接……18

学习单元 2　表面安装元器件焊接……35

学习单元 3　导线焊接……46

培训任务 3　焊接质量鉴定

学习单元 1　焊接质量检查……52

学习单元 2　不合格焊点的修复……61

培训任务 4　电子元器件拆除

学习单元 1　直插元器件的拆除……66

学习单元 2　表面安装元器件的拆除 ······ 70

附录 1　电子元件焊接专项职业能力考核规范 ······ 73
附录 2　电子元件焊接专项职业能力培训课程规范 ······ 75

培训任务 1

焊接准备

焊料、助焊剂

知识要求

一、焊料

1. 焊料的概念

焊料即焊接材料，主要成分通常为锡等金属。其熔点低，加热熔化后可填充被焊金属部件（焊件）表面的缝隙，从而形成牢固的连接。

2. 焊料的种类与特点

（1）根据焊料的成分，焊料一般可分为锡铅合金焊料和无铅焊料两类。

1）锡铅合金焊料。锡铅合金焊料在电子行业中曾被广泛使用，但由于铅有毒性，可能对环境及人体健康造成危害，许多国家和地区已经限制或禁止了铅的使用。锡铅合金焊料是由锡和铅组成的合金，熔点约为 183 ℃，常温下呈固态，加热到 250 ℃左右变为液态。液态的锡铅合金流动性很好，可以充分渗透到焊件之间。通常，用于电子元器件焊接的焊料中锡含量为 60%～63%，铅含量为 37%～40%。

2）无铅焊料。无铅焊料是不含铅的锡银、锡铜、锡锌、锡镍等二元合金焊料。无铅焊料在环保和健康方面具有优势，但熔点较高，有些无铅焊料强度较低、腐蚀性较

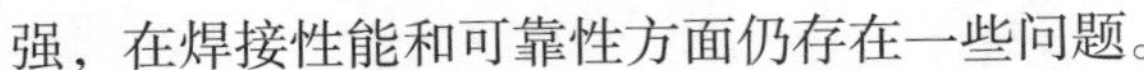

强，在焊接性能和可靠性方面仍存在一些问题。

（2）根据焊料的外形，常用焊料可分为锡丝和锡膏两类，如图 1–1 所示。

a）

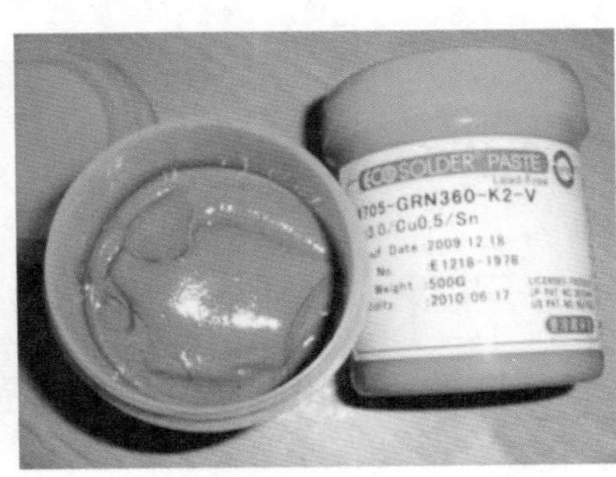

b）

图 1–1　焊料

a）锡丝　b）锡膏

1）锡丝。锡丝是一种由锡和助焊剂组成的金属丝，加热熔化后可连接焊件。锡丝易于操作且成本较低。

2）锡膏。锡膏是一种膏状物质，含有金属粉末和助焊剂。焊接时，将锡膏涂在电路板上，加热使锡膏中的金属粉末熔化即可将焊件连接在一起。锡膏具有可涂抹性、可焊接性和可伸展性。

二、助焊剂

1. 助焊剂的概念

助焊剂是一种焊接常用的辅助材料，用于辅助焊接过程中焊件的连接。常用的助焊剂有松香、酒精、氯化物等。

2. 助焊剂的作用

助焊剂可去除金属表面的氧化物和其他杂质，使焊件便于焊接。它还可以防止焊接过程中出现金属氧化和冷凝，从而提高焊接质量和效率。

3. 助焊剂的种类

（1）液体助焊剂。液体助焊剂常用于波峰焊和手工焊接。

（2）发泡助焊剂。发泡助焊剂是一种气溶胶式助焊剂，常用于波峰焊和手工焊接。

（3）清洗助焊剂。清洗助焊剂是一种高活性助焊剂，可以在焊接后留在金属表面，通常用于不需要清洗的应用场景，如消费电子设备和医疗设备的焊接。

技能要求

认识焊料、助焊剂

一、操作准备

1. 焊料准备

准备锡丝 2 卷（含铅和不含铅各 1 卷）、锡膏 1 盒。

2. 助焊剂准备

准备松香、酒精。

二、操作步骤

步骤 1　认识焊料、助焊剂的外形。
步骤 2　认识焊料、助焊剂的包装标识。
步骤 3　认识焊料、助焊剂的规格型号参数。
步骤 4　描述焊料、助焊剂的成分、熔点、用途等特点。

将焊料、助焊剂的相关信息填入表 1–1。

表 1–1　认识焊料、助焊剂

序号	名称	外形	规格型号参数	特点

学习单元 2

焊接工具

知识要求

一、电烙铁

1. 电烙铁类型

电烙铁是电子元器件焊接的常用工具，常见的电烙铁有普通电烙铁、调温式电烙铁、恒温电烙铁、特殊电烙铁。

（1）普通电烙铁。普通电烙铁主要有内热式电烙铁、外热式电烙铁两类，如图 1–2

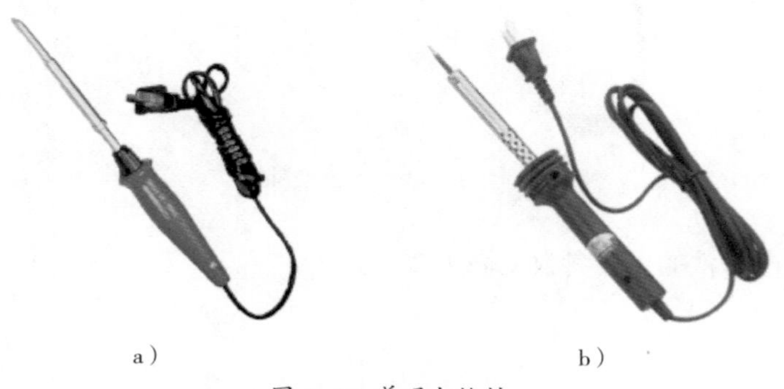

a）　　　　　　　　　　　　　　b）

图 1–2　普通电烙铁

a）内热式电烙铁　b）外热式电烙铁

所示。普通电烙铁结构简单，成本低，但温度不可控。

（2）调温式电烙铁。调温式电烙铁外形如图 1–3 所示。

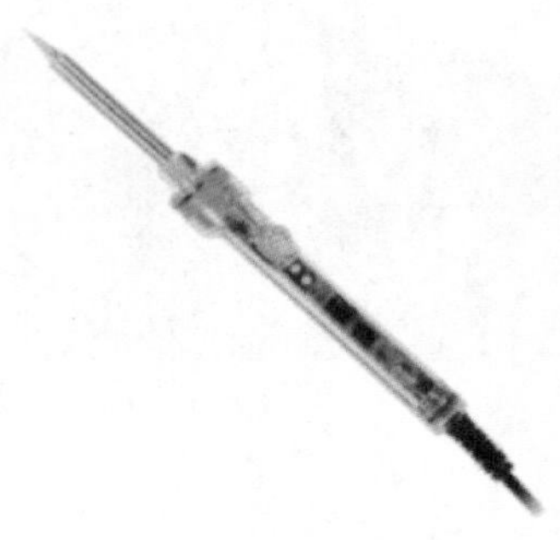

图 1–3　调温式电烙铁

（3）恒温电烙铁。恒温电烙铁可以保持恒定的温度，使焊接质量更加稳定。常见的 936A 恒温电烙铁如图 1–4 所示。

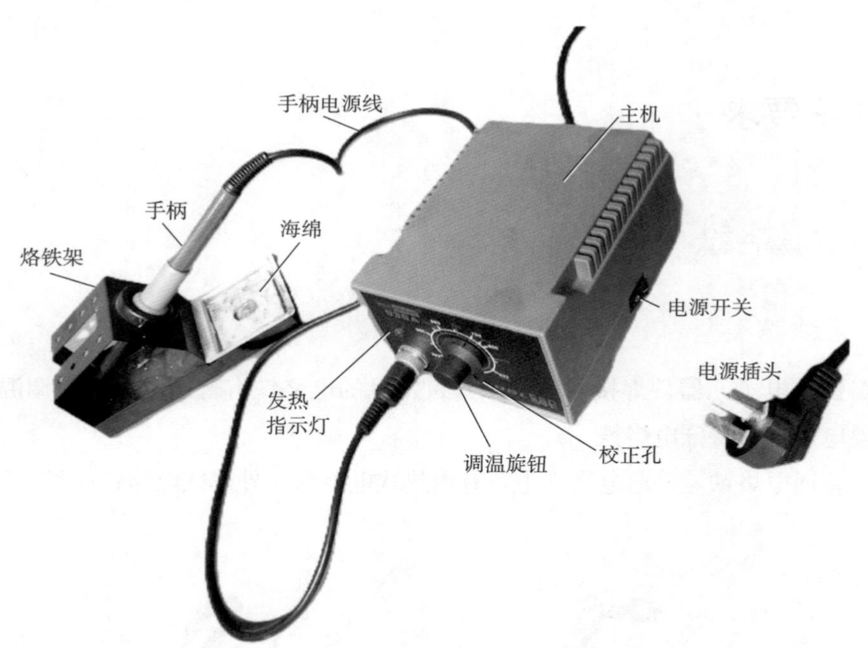

图 1–4　936A 恒温电烙铁

936A 恒温电烙铁的主要参数见表 1–2。

表 1-2　　936A 恒温电烙铁的主要参数

参数名称	参数值
输出电压	AC 24 V
控温范围	200～450 ℃
发热芯材质	陶瓷
发热芯功率	60 W
烙铁头型号	900M－T－I
控温精度	±2 ℃

（4）特殊电烙铁。特殊电烙铁包括吸锡电烙铁、双头电烙铁等。

2. 电烙铁主要部件

（1）烙铁架（见图 1–5）。烙铁架一般由金属制成，耐高温。烙铁架带有放置烙铁头的支架，烙铁架的槽中一般装有吸水海绵或松香。

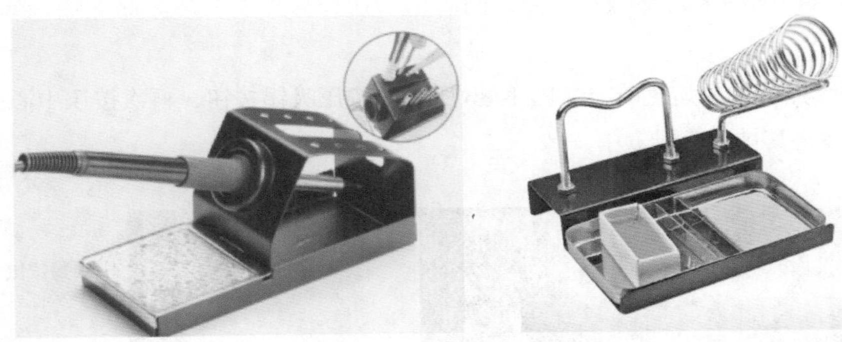

图 1–5　烙铁架

（2）烙铁头（见图 1–6）。烙铁头是电烙铁的关键部件，它的形状、大小和材料对焊接质量有着重要影响。烙铁头通常由铜等金属材料制成。

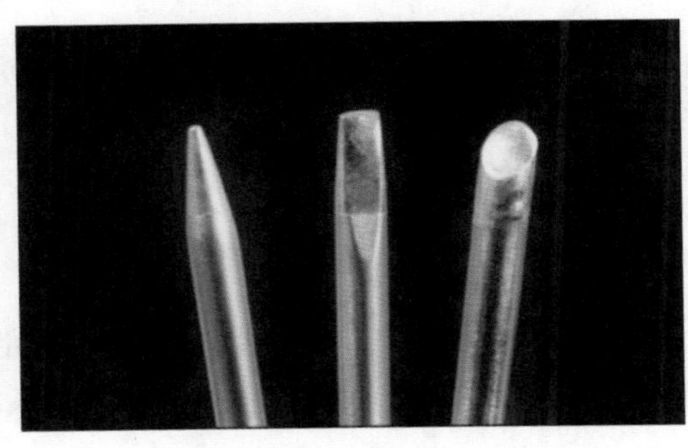

图 1–6　烙铁头

在使用过程中，烙铁头会因为高温而氧化、变形，导致焊接质量下降，因此应定期更换烙铁头，以确保焊接质量。

二、吸锡枪

吸锡枪（见图 1–7）是一种手持工具，可从电路板上吸取熔化的焊料，常用于拆下电子元器件和修复电路板缺陷。

图 1–7　吸锡枪

吸锡枪的使用方法如图 1–8 所示。

1. 按压吸锡枪中心弹簧轴，以听见“嗒”声为准。

2. 将吸锡枪的吸锡嘴抵住焊点，同时用烙铁头在焊点的另一侧加热，如图 1–8a 所示。

3. 当焊点的焊料熔化时，如图 1–8b 所示，按压吸锡按钮，再次按压中心弹簧轴，吸取焊料并将其排入废料盒中。

a）

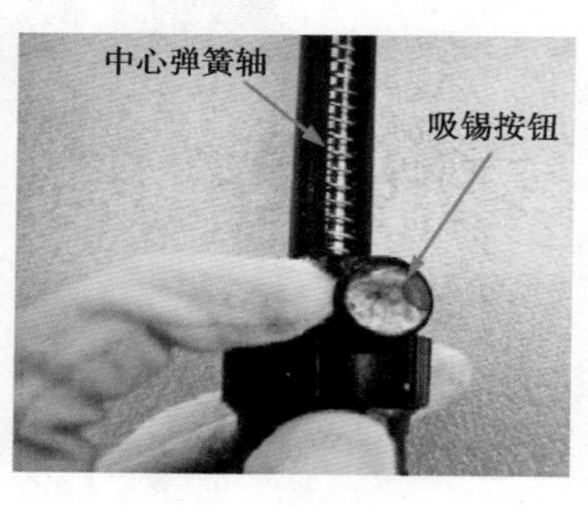

b）

图 1–8　吸锡枪的使用方法

a）加热焊点　b）按压吸锡按钮及中心弹簧轴

三、吸锡线

吸锡线（见图 1–9）是常用的维修工具，主要用于清除电路板上的锡。它是一种细长的金属线材，通常由铜、铝等导热性好的金属制成。

使用前先从线盒中拉出 30 ~ 50 mm 长的吸锡线，并将吸锡线尽可能展开，以增强其吸锡能力。将吸锡线放置在待除锡的焊点上，将烙铁头放置在吸锡线上加热熔化焊料，如图 1–10 所示。当吸锡线吸满焊料时，立即移开电烙铁和吸锡线。

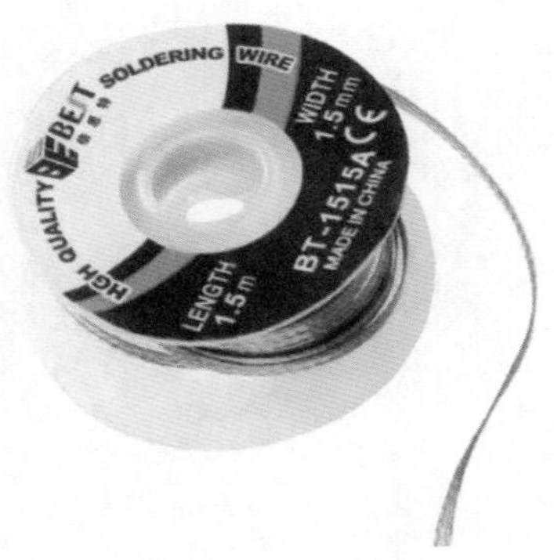

图 1–9　吸锡线

图 1–10　吸锡线的使用方法

四、其他焊接工具

焊接时还需要用到海绵、剪钳、镊子等工具，如图 1–11 所示。海绵用于擦除烙铁头上的焊料及氧化物，使用前应当用水浸湿。剪钳用于修剪电子元器件引脚（也称管脚）或焊料尖峰。镊子用于夹取细小的电子元器件、锡珠和杂物，或用于辅助焊接等。

图 1–11　焊接用海绵、剪钳和镊子

技能要求

普通电烙铁的拆装与烙铁头的预处理

一、操作准备

准备普通电烙铁（内热式电烙铁）、焊料、助焊剂、万用表及其他电工工具。

二、操作步骤

步骤 1　认识内热式电烙铁

（1）认识内热式电烙铁外形。

（2）识读内热式电烙铁标识，注意其额定功率。

（3）认识内热式电烙铁各部件。

步骤 2　拆装内热式电烙铁

（1）用万用表检测电烙铁电阻，做好记录。

（2）拆下烙铁头。

（3）拆下电烙铁手柄。

（4）拆下烙铁芯。

（5）安装烙铁芯。

（6）安装电烙铁手柄。

（7）安装烙铁头。

步骤 3　安全性检查

（1）用万用表欧姆挡检测电烙铁电阻是否与正常值相符，20 W 内热式电烙铁电阻约为 1.5 kΩ。若万用表显示“∞”，则表明电源线断裂或烙铁芯断裂，若万用表显示 0 Ω，则表明电烙铁短路。

（2）检查电烙铁上标示的额定功率和额定电压是否符合使用需求。

（3）检查电烙铁的插头和电源线是否完好无损。

（4）检查电烙铁手柄是否牢固。

（5）检查电烙铁升温是否正常。

（6）检查电烙铁的烙铁头是否干净。

（7）检查工作环境。工作环境应该干燥、通风、安全，避免灰尘、水汽等因素影响电烙铁的正常运行。

步骤 4　新旧烙铁头的预处理

（1）打磨烙铁头

1）对于新买的电烙铁，一般先用锉刀或砂纸将烙铁头打磨干净，去除表面可能存在的氧化物或脏污，要特别注意打磨烙铁头的工作面。合金烙铁头不可用锉刀打磨。

2）对于氧化或者脏污严重的旧烙铁头，可先用氢氧化钠溶液或者碳酸钠溶液清洗，再用锉刀或砂纸打磨。

（2）镀锡。打磨完烙铁头后，加热电烙铁，给烙铁头的工作面镀上一层焊料。

电烙铁使用方法

知识要求

一、电烙铁的握法

电烙铁通常有 3 种握法，如图 1–12 所示。

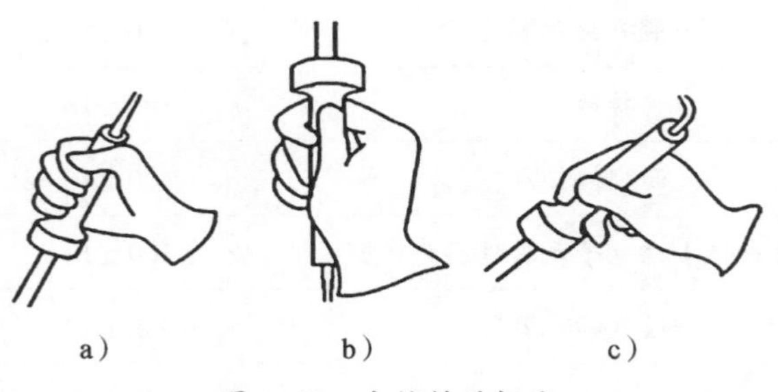

a） b） c）

图 1–12　电烙铁的握法
a）反握法　b）正握法　c）握笔法

反握法动作稳定，长时间操作不易疲劳，适用于大功率电烙铁；正握法适用于中等功率电烙铁或带弯头的电烙铁；握笔法一般用于在固定在工作台上的印制电路板上进行焊接。

二、锡丝的拿法

锡丝通常有 2 种拿法，如图 1–13 所示。

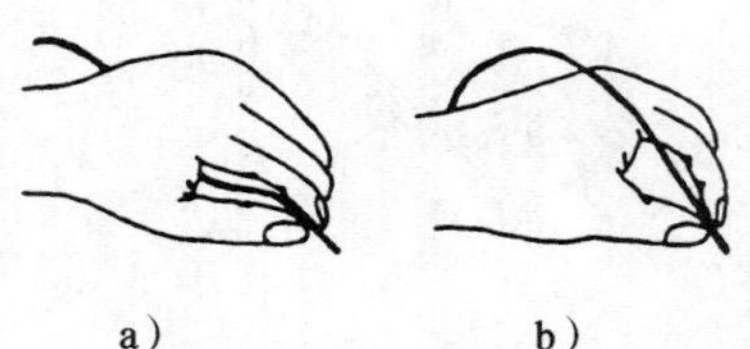

a）　　b）

图 1–13　锡丝的拿法

a）连续焊接时的拿法　b）少量焊接时的拿法

焊接时，通常左手拿锡丝，右手握电烙铁。

三、电烙铁的温度调节

如果使用的是调温电烙铁，可通过调节其温度调节旋钮来调节温度。如是普通电烙铁，可根据焊接温度要求选择合适功率的电烙铁。焊接温度要求一般与焊件的大小、性质等有关。

不同情况下的焊接温度要求与使用 60 W 调温电烙铁所需的焊接时间见表 1–3。

表 1–3　不同情况下的焊接温度要求与使用 60 W 调温电烙铁所需的焊接时间

焊料	焊件类型	焊接温度 /℃	焊接时间 /s
含铅	焊接点较小、电子元器件引脚较密	340 ± 10	2 ~ 4
	一般直插元器件	360 ± 10	3 ~ 5
	接地点	380 ± 10	3 ~ 5
	面型焊接点	400 ± 10	3 ~ 5
无铅	焊接点较小、电子元器件引脚较密	360 ± 10	2 ~ 4
	一般直插元器件	380 ± 10	3 ~ 5
	接地点	420 ± 10	3 ~ 5

四、烙铁头的选用

不同类型烙铁头有其特定的应用范围和优势，选择合适的烙铁头可以提高焊接效率和质量。

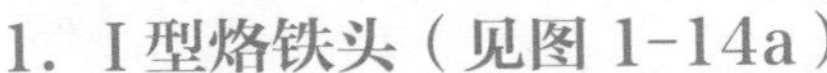

1. I 型烙铁头（见图 1-14a）

I 型烙铁头尖端幼细，适用于精细焊接或焊接空间狭小的情况，也可以用于修正焊接芯片时产生的锡桥。

2. B 型 /LB 型（圆锥形）烙铁头（见图 1-14b）

B 型烙铁头无方向性，整个烙铁头前端均可进行焊接，适用于一般焊接。无论焊点的大小如何，都可使用 B 型烙铁头。

LB 型烙铁头是 B 型烙铁头的一种，形状修长，能在焊点周围有较高的电子元器件或焊接空间狭窄的情况下灵活操作。

3. D 型 /LD 型（一字批咀形）烙铁头（见图 1-14c）

D 型 /LD 型烙铁头适用于需要较多焊料的情况，如焊接面积大的情况。

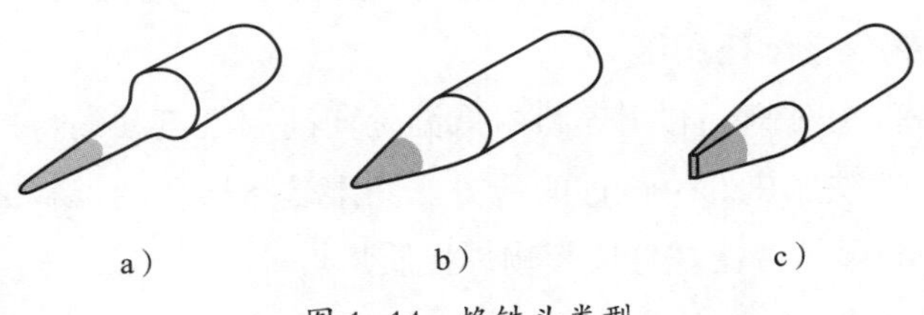

图 1-14　烙铁头类型

a）I 型　b）B 型 /LB 型　c）D 型 /LD 型

此外，还有 K 型、H 型等类型的烙铁头。

技能要求

电烙铁的使用

一、操作准备

准备电烙铁，焊料（锡丝），助焊剂，电阻器、电容器等电子元器件，其他电工工具。

二、操作步骤

电烙铁手工焊接步骤如图 1-15 所示。

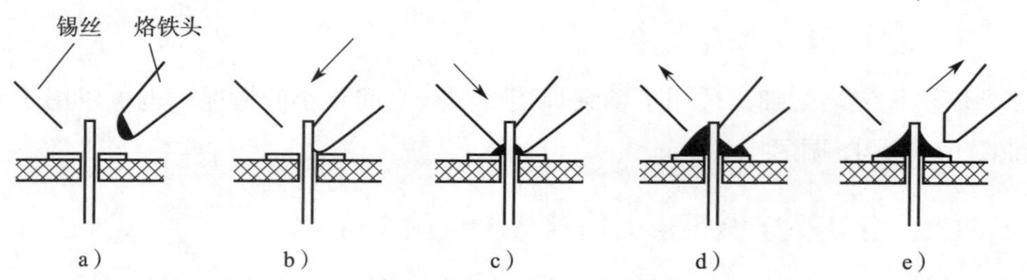

图 1-15　电烙铁手工焊接步骤

a）准备　b）加热焊件　c）放置锡丝　d）撤离锡丝　e）撤离电烙铁

步骤 1　准备

焊接前用海绵擦拭烙铁头，去除金属氧化物及残留助焊剂，准备好锡丝。

步骤 2　加热焊件

烙铁头与焊件呈 45° 角，以适当压力同时加热两个焊件。为了便于热传导，烙铁头可带少量焊料。焊件通过与烙铁头接触达到焊接所需要的温度。

步骤 3　放置锡丝，熔锡润湿

将锡丝放在烙铁头对侧，利用焊料由低温处向高温处流动的特性填充焊料。焊料应填充在焊点距电烙铁加热部位最远的地方。润湿是指熔化的焊料铺展并覆盖在被焊金属表面的现象。润湿是否良好直接影响焊接质量。

步骤 4　撤离锡丝

填充了足量的焊料后立即撤离锡丝。

步骤 5　停止加热，撤离电烙铁

在焊点上的焊料接近饱满、助焊剂尚未完全蒸发、焊点最亮、焊料流动性最强时，迅速撤走电烙铁。

若焊点僵化、不饱满，焊料有堆层，说明电烙铁撤走过早，焊点未充分润湿；若焊点表面粗糙无光，有拉尖现象，说明电烙铁撤走过晚。

三、注意事项

1. 焊接要点

（1）加热位置要合理。焊接时，烙铁头应同时给两个焊件加热，使得两个焊件受热均匀，防止出现虚焊现象。

（2）焊接时间要适当。应根据焊接温度要求和所用电烙铁类型正确把握焊接时间。

（3）焊料供给要适当。焊料的供给量要根据焊件的大小来定。过多造成浪费，且焊点过于饱满影响美观；过少则不能使焊件牢固结合，降低了机械强度。

（4）撤离方向要正确。焊接结束应向右上方与水平面呈 45° 角方向迅速移开电烙铁。

（5）焊料凝固时要注意。在焊点的焊料没有凝固之前，切勿使焊件移动或受到震动，否则极易造成焊点结构疏松或虚焊。

2．焊接常见错误

焊接常见错误如图 1–16 所示。

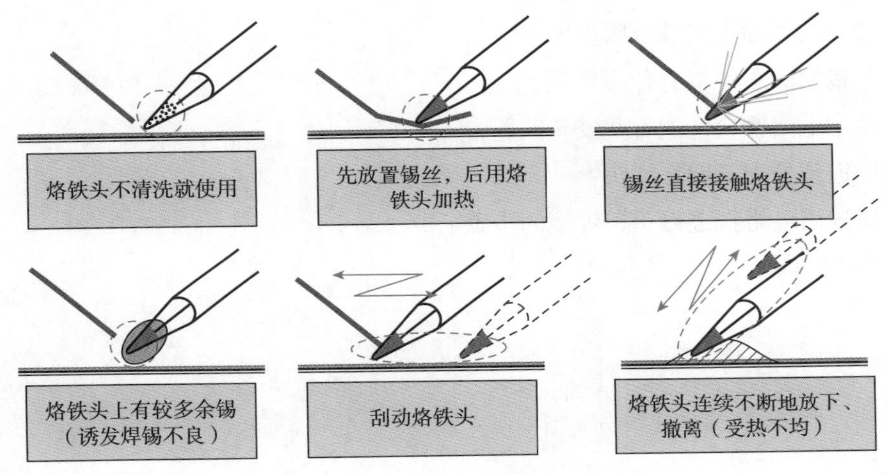

图 1–16 焊接常见错误

3．电烙铁使用注意事项

（1）使用前必须检查电烙铁的电源线与地线。如果未接地，在焊接半导体器件时，半导体器件可能会被静电击穿。

（2）使用恒温电烙铁前，应先通电加热，温度稳定后再进行工作。不要频繁地开关电源，以免影响电烙铁的使用寿命。

（3）应该根据需要调节恒温电烙铁的温度，一般为 200 ~ 480 ℃。

（4）使用时注意不要烫坏电烙铁线，应随时检查，发现电烙铁线破损老化应及时更换。

（5）使用电烙铁的过程中，一定要轻拿轻放。

（6）不焊接时，要将电烙铁放到烙铁架上，以免烫伤自己或他人、其他物品。若长时间不使用应切断电烙铁电源，防止烙铁头氧化。

（7）不能用电烙铁敲击焊件，烙铁头上多余的焊料不可乱甩。

（8）烙铁头不能很好地吸附焊料时可先断电，降温后用 800 目以上砂纸打磨烙铁头上的氧化物，然后开机加热使用。

（9）操作者头部与烙铁头之间应保持 30 cm 以上的距离，以避免过多的有害气体（焊料、助焊剂加热挥发出的化学物质）被人体吸入。操作者不可披散长发。

思考题

1. 根据焊料的外形，焊料可分为几种？各有什么特点？
2. 助焊剂有什么作用？
3. 常见的普通电烙铁有哪些？
4. 吸锡枪和吸锡线有什么作用？
5. 使用电烙铁应注意哪些安全问题？
6. 如何预处理新旧烙铁头？
7. 简述用电烙铁进行手工焊接的步骤。

培训任务 2

焊接实施

直插元器件焊接

知识要求

一、直插元器件

直插元器件是指引脚较长，直接插入印制电路板上的预钻孔洞（通孔）中，通过焊接固定在印制电路板上的电子元器件。

1. 直插电阻器

（1）概念。直插电阻器一般用有一定电阻率的材料（碳或镍铬合金等）制成，在电路中起限流、分压、发热等作用，是常用的电子元器件之一。

（2）主要参数

1）标称电阻值。标称电阻值是指电阻器上标注的电阻。电阻表示电阻器对电流阻碍作用的大小。电阻的基本单位是欧姆（Ω），常用单位还有千欧（kΩ）、兆欧（MΩ）等，其关系为 $1\ M\Omega=10^3\ k\Omega=10^6\ \Omega$。

2）额定功率。电阻器额定功率是指电阻器在正常工作时能消耗的最大功率，单位为瓦特（W）。

3）误差。电阻器的实际电阻一般与标称电阻值有偏差。误差是指电阻器的标称电

阻值与实际电阻的差异，用百分比表示。

（3）分类

1）直插电阻器按电阻能否调节可以分为固定电阻器、电位器和微调电位器，其外形如图 2–1 所示。

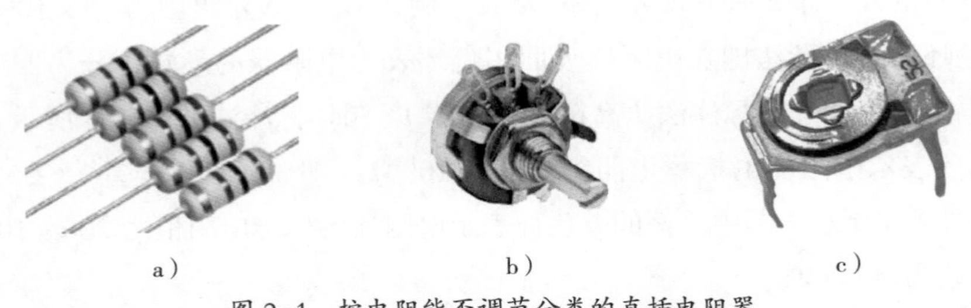

a）　　b）　　c）

图 2–1　按电阻能否调节分类的直插电阻器

a）固定电阻器　b）电位器　c）微调电位器

2）直插电阻器按额定功率大小可分为 1/32 W、1/16 W、1/8 W、1/4 W、1/2 W、1 W、2 W、5 W 等不同额定功率的电阻器。

3）直插电阻器按制造材料可分为碳膜电阻器、金属膜电阻器、线绕电阻器等，如图 2–2 所示。

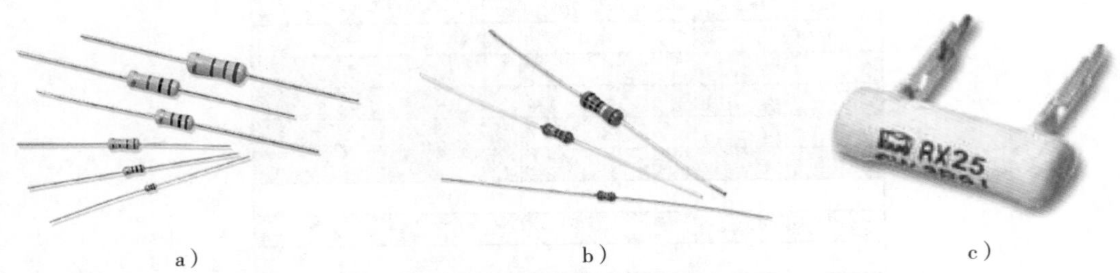

a）　　b）　　c）

图 2–2　按材料分类的直插电阻器

a）碳膜电阻器　b）金属膜电阻器　c）线绕电阻器

4）直插电阻器按误差大小可分为低精度电阻器和高精度电阻器。

①低精度电阻器有 3 种误差：±5%、±10%、±20%。

②高精度电阻器有 6 种误差：±0.05%、±0.1%、±0.25%、±0.5%、±1%、±2%。

（4）标识方法

1）直标法。直标法就是用数字、单位符号等，在电阻器上直接标注出标称电阻值、误差等主要参数的方法，示例如下。

①—[5.1 kΩ ±5%]—：标称电阻值为 5.1 kΩ，误差为 ±5%。

②—[6.8 ΩJ]—：标称电阻值为 6.8 Ω，误差为 ±5%（字母表示误差等级，F 表示 ±1%，G 表示 ±2%，J 表示 ±5%，K 表示 ±10%，M 表示 ±20%）。

2）文字符号法。文字符号法就是用数字和文字符号组合标注电阻器的电阻和误差。例如，3R3K 表示电阻为 3.3 Ω（当电阻小于 10 Ω 时，用 R 标示小数点位置），误差为 ±10%。

3）数码法。数码法即用 3 位数字表示电阻器的电阻，其中前两位为有效数字，第三位为 10 的指数（即 0 的个数），单位为 Ω。例如，331 表示电阻为 33×10^1=330 Ω。

4）色环法。色环法即在电阻器表面用色环表示电阻器的参数，分为四环标注法（低精度电阻器）和五环标注法（高精度电阻器）。四环标注法如图 2–3 所示，图中示例的四色环表示电阻器的标称电阻值为 30×10^1 Ω，即 300 Ω，误差为 ±5%。五环标注法如图 2–4 所示，图中示例的五色环表示电阻器的标称电阻值为 200×10^1 Ω，即 2 kΩ，误差为 ±0.05%。

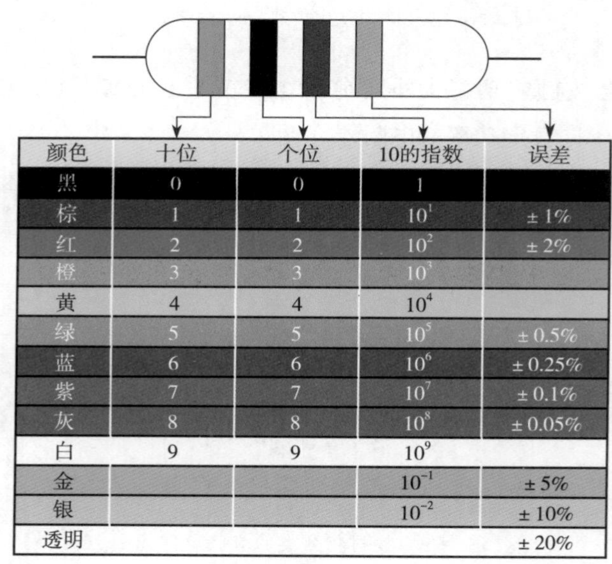

颜色	十位	个位	10的指数	误差
黑	0	0	1	
棕	1	1	10^1	±1%
红	2	2	10^2	±2%
橙	3	3	10^3	
黄	4	4	10^4	
绿	5	5	10^5	±0.5%
蓝	6	6	10^6	±0.25%
紫	7	7	10^7	±0.1%
灰	8	8	10^8	±0.05%
白	9	9	10^9	
金			10^{-1}	±5%
银			10^{-2}	±10%
透明				±20%

图 2–3　四环标注法

2. 直插电容器

（1）概念。直插电容器由两个绝缘的极板和它们之间的介质组成，具有储存电荷的能力，在电路中可用于隔直、耦合、滤波等，是电路中常用的电子元器件之一。

（2）主要参数

1）标称电容。标称电容表示电容器储存电荷的能力。电容的基本单位是法拉（F），常用单位还有微法（μF）、纳法（nF）、皮法（pF）等，其关系为 1 F=10^6 μF=10^9 nF=10^{12} pF。

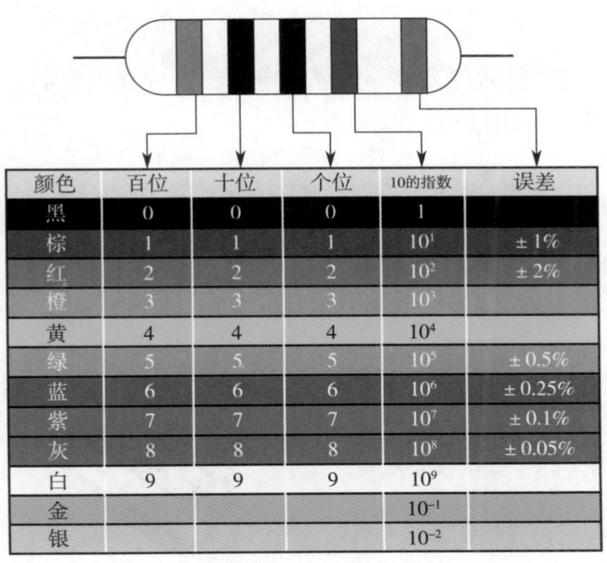

颜色	百位	十位	个位	10的指数	误差
黑	0	0	0	1	
棕	1	1	1	10^1	±1%
红	2	2	2	10^2	±2%
橙	3	3	3	10^3	
黄	4	4	4	10^4	
绿	5	5	5	10^5	±0.5%
蓝	6	6	6	10^6	±0.25%
紫	7	7	7	10^7	±0.1%
灰	8	8	8	10^8	±0.05%
白	9	9	9	10^9	
金				10^{-1}	
银				10^{-2}	

图 2–4　五环标注法

2）额定工作电压（耐压）。额定工作电压指电容器在正常环境温度下，长期可靠工作的最高电压，单位为伏特（V）。

3）误差。误差指电容器的标称电容与实际电容的偏差，用百分比来表示，通常分为 3 个等级，即Ⅰ级（±5%）、Ⅱ级（±10%）、Ⅲ级（±20%）。

（3）分类

1）直插电容器按电容能否调节可以分为固定电容器、可变电容器和微调电容器，外形及图形符号如图 2–5 所示。

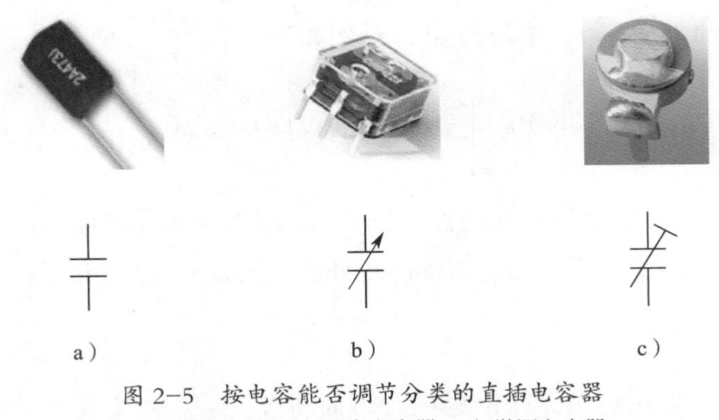

图 2–5　按电容能否调节分类的直插电容器

a）固定电容器　b）可变电容器　c）微调电容器

2）直插电容器按有无极性可分为无极性电容器和极性电容器。极性电容器外壳标有正负极，工作时外加电压不能反接。电解电容器是极性电容器，其外形及图形符号如图 2–6 所示。

3）直插电容器按介质的种类可分为涤纶电容器、瓷介电容器、云母电容器、纸介电容器、金属膜电容器、电解电容器等。

（4）标识方法

1）直标法。直标法即将标称电容、误差、额定工作电压等参数直接标注在电容器上的标识方法，如图 2–7 所示（标称电容为 4 700 μF，额定工作电压为 35 V）。

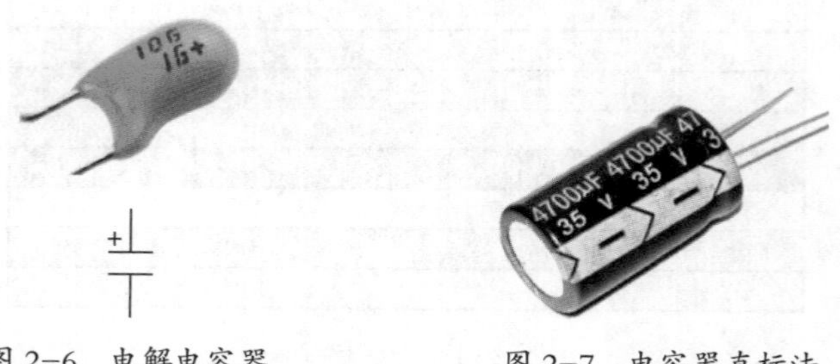

图 2–6　电解电容器　　图 2–7　电容器直标法

2）文字符号法。文字符号法即用数字和文字符号组合标注电容器的标称电容。p、n 分别代表 pF、nF，同时标示小数点位置，示例如下。

①2p2：标称电容为 2.2 pF。

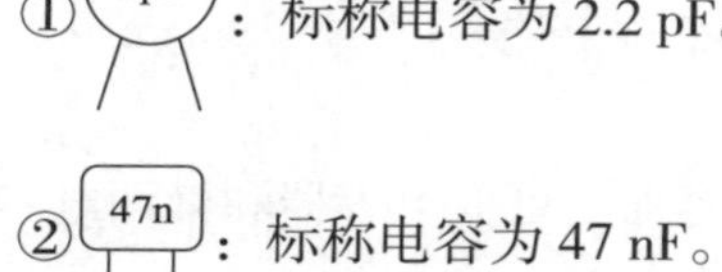

②47n：标称电容为 47 nF。

3）数码法。数码法即用 3 位数字表示电容器标称电容的标识方法，前两位为有效数字，第三位为 10 的指数，单位为 pF，示例如下。

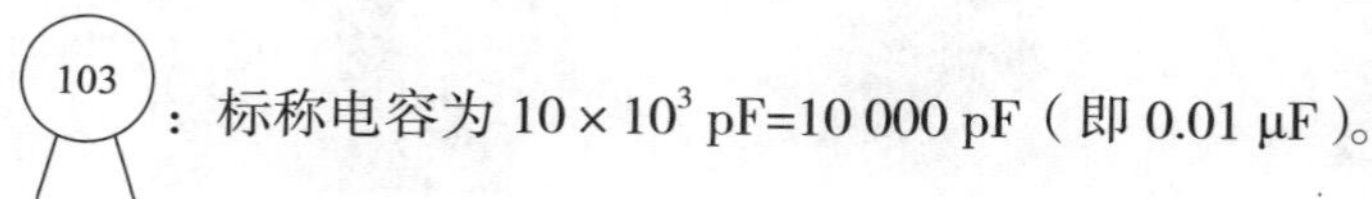

103：标称电容为 10×10^3 pF=10 000 pF（即 0.01 μF）。

4）色标法。色标法即用不同颜色的色环或色点在电容器表面标出标称电容、误差等参数的标识方法。识读方法与电阻器的色环法相同，单位为 pF。

3. 直插电感器

（1）概念。直插电感器基于电磁感应原理制成，是一种储能电子元器件，能将电能转换成磁能并储存起来，具有阻碍交流电通过的特性。

（2）主要参数

1）电感及误差。电感是衡量电感器电感数值大小的物理量。通常电感器上标注的电感为标称电感，电感器的实际电感与标称电感之间的差值为电感器的误差。电感的基本单位是亨（H），常用单位还有毫亨（mH）、微亨（μH）、纳亨（nH）等，其关系为 1 H=10^3 mH=10^6 μH=10^9 nH。

2）品质因数。电感器储存能量与消耗能量的比值被称为品质因数，又称 Q 值，是反映电感器频率特性的参数，无单位。

3）额定电流。额定电流是指电感器正常工作时允许通过的最大电流，单位为安培（A）。

（3）分类

1）直插电感器按电感能否调节可以分为固定电感器和可变电感器，如图 2–8 所示。

a）　　　　b）

图 2–8　按电感能否调节分类的直插电感器

a）固定电感器　b）可变电感器

2）直插电感器按导磁体材料可分为空芯电感器、铁芯电感器、磁芯电感器（如铁氧体电感器）等，如图 2–9 所示。

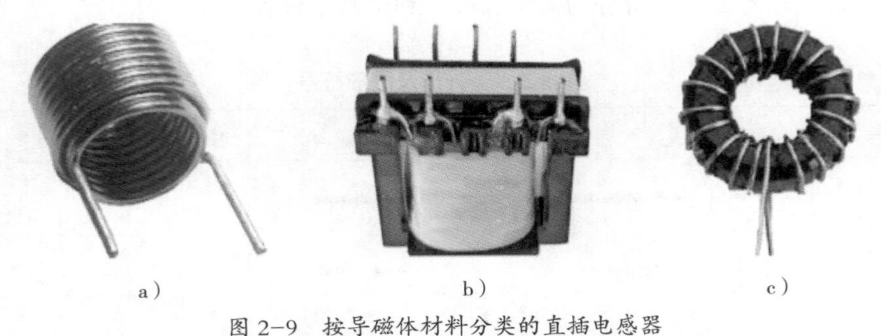

a）　　　　b）　　　　c）

图 2–9　按导磁体材料分类的直插电感器

a）空芯电感器　b）铁芯电感器　c）磁芯电感器

（4）标识方法

1）直标法。直标法是将标称电感、误差等参数直接标注在电感器上的一种标识方法。

2）文字符号法。文字符号法是用数字和文字符号将标称电感、误差等参数标注在电感器上的标识方法。其所用单位一般为 nH 或 μH，分别用 n 或 R 表示单位及小数点的位置，如 4R7 表示标称电感为 4.7 μH。

4. 直插二极管

（1）概念。将一块 P 型半导体和一块 N 型半导体按特定的制造工艺结合在一起形成 PN 结，分别从 P 区和 N 区引出一个引脚，并用金属、玻璃或塑料将其封装起来，就构成了直插二极管，如图 2–10 所示。二极管具有单向导电性。

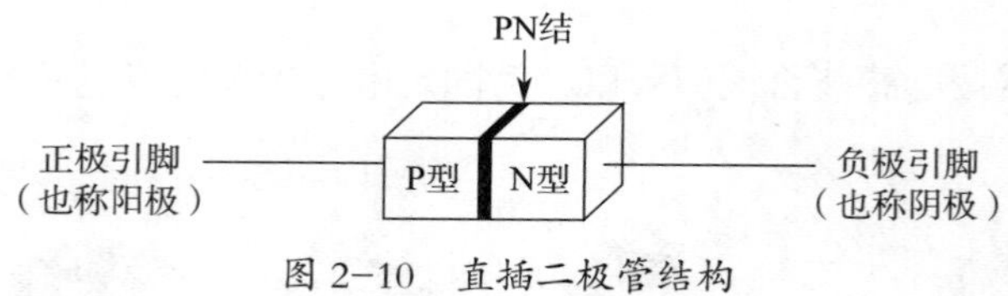

图 2–10　直插二极管结构

（2）主要参数

1）最大整流电流（I_{OM}）。最大整流电流是在规定的散热条件下，二极管长期使用时允许通过的最大正向电流，单位为安培（A）。

2）最高反向工作电压（U_{RM}）。最高反向工作电压是保证二极管不被击穿的反向峰值电压，单位为伏特（V）。

（3）直插二极管的分类

1）直插二极管按功能可分为普通二极管、发光二极管、光电二极管、变容二极管、稳压二极管等，外形及图形符号见表 2–1。

2）直插二极管按材料可分为硅基二极管和锗基二极管。

表 2–1　　直插二极管外形及图形符号

类型	外形	图形符号
普通二极管	正极　负极	正极　负极
发光二极管	正极　负极	正极　负极
光电二极管	外形与上图相似（以型号区分）	正极　负极

续表

类型	外形	图形符号
变容二极管	正极 负极	正极 负极
稳压二极管	外形与上图相似（以型号区分）	正极 负极

5. 直插三极管

（1）概念。直插三极管由 3 个区、2 个 PN 结、3 个引脚构成。直插三极管结构和符号如图 2–11 所示。发射区的掺杂浓度高，具有很强的发射载流子的能力；基区很薄，从发射区注入的载流子能够较容易地通过基区；集电区面积较大，有利于收集和吸收载流子。直插三极管有 3 个引脚，分别对应基极 B、集电极 C、发射极 E。

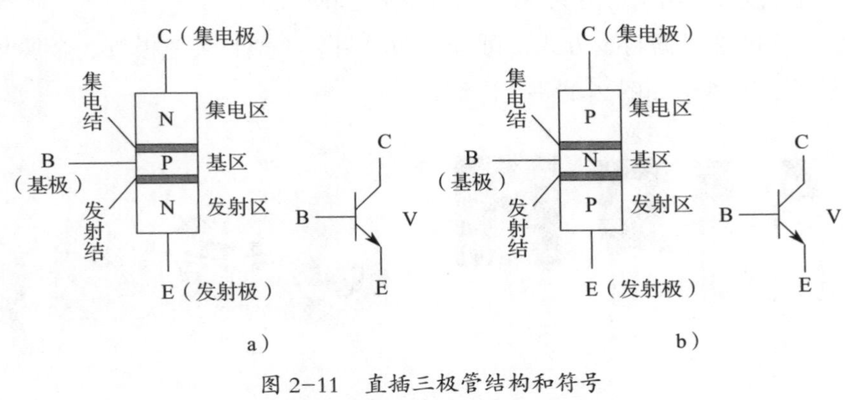

图 2–11　直插三极管结构和符号

a）NPN 型　b）PNP 型

（2）主要参数（见表 2–2）

表 2–2　　直插三极管主要参数

参数	符号	含义	应用
电流放大倍数	β	β 反映电流放大能力。中小功率管的 β 值一般在几十到几百之间	视具体要求而定
穿透电流	I_{CEO}	I_{CEO} 是集电极与发射极间的漏电流。硅基三极管的 I_{CEO} 较小，在 1 μA 以下，锗基三极管的 I_{CEO} 较大，为几十到几百 μA	I_{CEO} 越小越好

续表

参数	符号	含义	应用
反向击穿电压	U_{CEO}	U_{CEO} 是基极开路时，C、E 之间能够承受的最高反向工作电压	C、E 之间的电压 U_{CE} 应小于 U_{CEO}，否则直插三极管会损坏
集电极最大允许电流	I_{CM}	集电极电流 I_C 增大时，β 值会下降，当 β 值下降到正常值的 2/3 时，对应的 I_C 值即为集电极最大允许电流 I_{CM}	工作电流不能超过 I_{CM}，否则直插三极管会损坏
最大耗散功率	P_{CM}	P_{CM} 是直插三极管在正常工作条件下能够耗散的最大功率	正常使用条件下，保证 $P_C<P_{CM}$

（3）分类

1）直插三极管按结构可分为 NPN 型和 PNP 型两大类。

2）直插三极管根据封装方式，可分为塑料封装（塑封）三极管、金属封装（金封）三极管等，其外形如图 2–12 所示。

a） b）

图 2–12 不同封装方式的直插三极管

a）塑料封装三极管 b）金属封装三极管

3）直插三极管根据最大耗散功率大小，可分为小功率管（$P_{CM}\leqslant 300$ mW）、中功率管（300 mW$<P_{CM}<$1 W）和大功率管（$P_{CM}\geqslant 1$ W）。

4）直插三极管按材料可分为硅基三极管和锗基三极管。

（4）引脚的识别。直插三极管的 3 个引脚必须区分清楚，不能混用。不同封装方式的直插三极管引脚排列有一定规律，常见直插三极管的引脚可以根据表 2–3 中的示意图进行识别。

表 2-3　　常见直插三极管引脚排列规律

封装方式	引脚排列规律示意图	常见型号
塑料封装	EBC	9011、9012、9013、9014、9015、9018、8050、8550 等（其中 9012、9015、8050 为 PNP 型，其余为 NPN 型）
	B C E　B C E	1651、1710、2613 等
金属封装	E C B	3DG12、3DD15D、3DD03C 等

表中列出的是一些常见直插三极管的引脚排列规律，个别特殊三极管的外形和引脚排列规律与表中不同，可查阅相关资料。

6. 直插集成电路

（1）概念。直插集成电路是在一片单晶硅上，利用光刻法制作出大量的二极管、三极管、电阻器、电容器、电感器等电子元器件，依据电路设计的要求将它们连接成一个具有特定功能的电路，将各相关引脚引出，并按照一定的外形规格进行封装的电子器件。

（2）分类

1）直插集成电路按信号处理种类可分为模拟集成电路和数字集成电路。模拟集成电路处理模拟信号，数字集成电路处理数字信号，目前数字集成电路应用较多。

2）直插集成电路按封装形式可分为圆壳式、单列直插式和双列直插式 3 种，如图 2-13 所示。

（3）标识

1）型号标识。型号标识标注于直插集成电路外表面，直插集成电路型号种类很多。

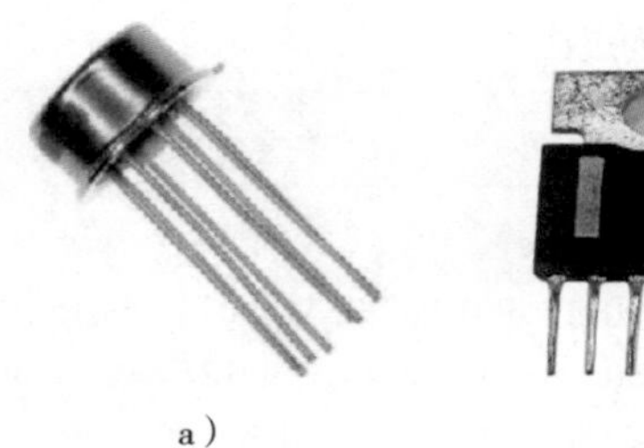
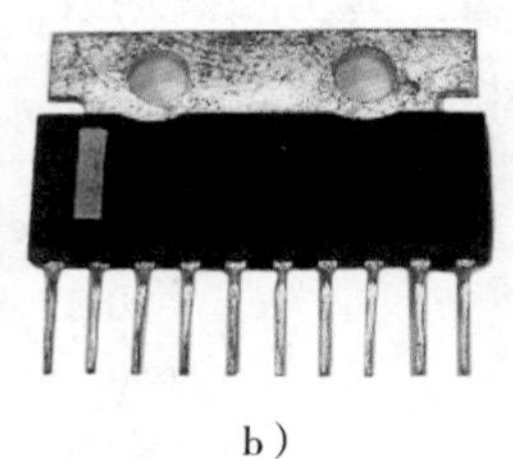

a）　　b）　　c）

图 2-13　直插集成电路封装形式

a）圆壳式　b）单列直插式　c）双列直插式

2）生产厂商标识。不同的生产厂商会使用不同的字母进行标识。

3）封装形式标识。直插集成电路的封装形式多种多样，字母可用于标识封装形式。例如，D 代表双列直插式封装。

4）引脚识读标识。文字面朝上，从顶部向下看，第一脚旁一般有标识，如凹槽、色点等，逆时针计数。

5）工作温度标识。工作温度标识反映直插集成电路稳定工作的温度条件。常见的标识有 B（−50 ~ 110 ℃）、I（−40 ~ 85 ℃）、M（−55 ~ 125 ℃）等。

不同的集成电路生产厂商可能用不同的字母表示不同的含义，因此字母代表的含义可能会因生产厂商而异，应参考生产厂商提供的技术文档，获取准确的信息。

二、印制电路板

印制电路板（PCB）是电子产品的重要部件之一。目前使用的印制电路板一般是将铜箔覆在绝缘板（基板）上，因此也称覆铜板。

1. 印制电路板分类

（1）根据印制电路板的孔分类。印制电路板孔的类型如图 2-14 所示。

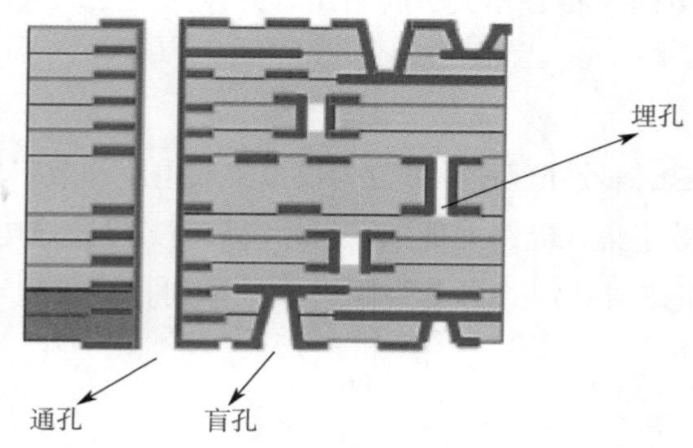

图 2-14　印制电路板孔的类型

1）通孔板。通孔板的孔贯穿印制电路板。

2）盲孔板。盲孔板的孔只穿透印制电路板单面。

3）埋孔板。埋孔板的孔位于印制电路板里层，两面均不穿透。

（2）根据铜箔层数分类

1）单面印制电路板（见图 2–15）。单面印制电路板即仅一面覆有铜箔的印制电路板。它是通过印制和腐蚀的方法在基板上形成印制电路。单面印制电路板常见于一般电子设备。

a）

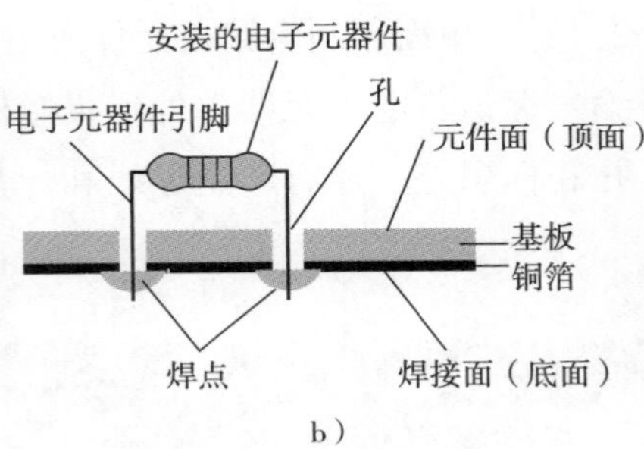

b）

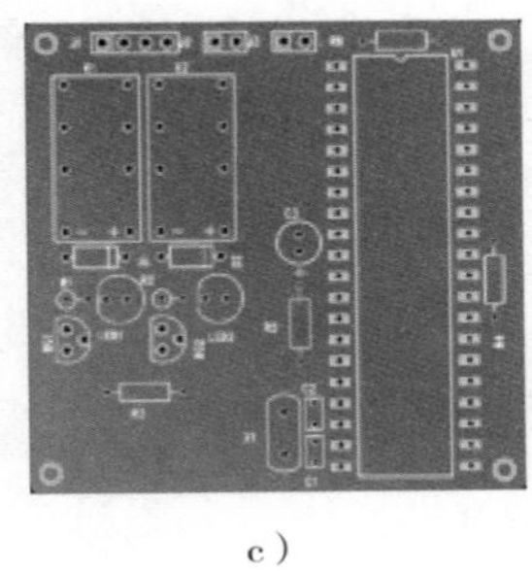

c）

图 2–15　单面印制电路板

a）元件面　b）截面结构图　c）焊接面

2）双面印制电路板（见图 2–16）。双面印制电路板即两面都覆有铜箔的印制电路板。它是通过印制和腐蚀的方法在两面覆有铜箔的基板上形成印制电路。双面印制电路板常见于要求较高的电子设备。

a）

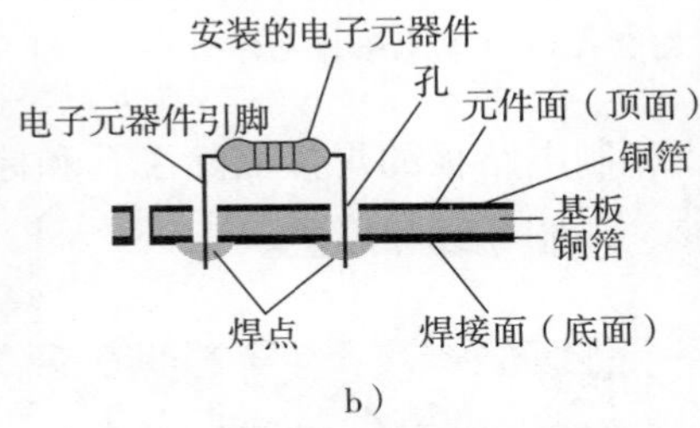

b）

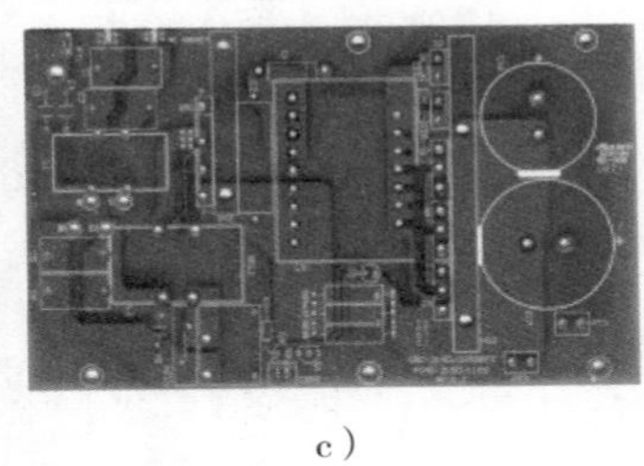

c）

图 2–16　双面印制电路板

a）元件面　b）截面结构图　c）焊接面

3）多层印制电路板（见图 2–17）。多层印制电路板是由交替的导电图形层（铜箔）与绝缘材料层通过层压黏合技术制成的一块复杂印制电路板，其铜箔的层数至少为两层。多层印制电路板常用于计算机的板卡中。

2．印制电路板的板面

印制电路板的板面分为元件面（顶面）和焊接面（底面）。

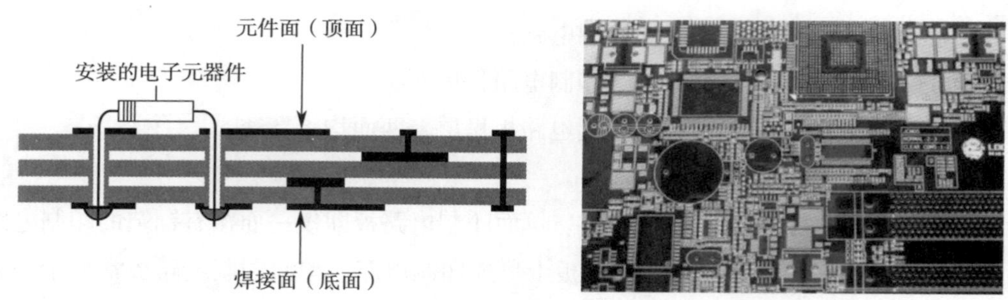

图 2-17　多层印制电路板

（1）元件面（见图 2-18）。单面印制电路板元件面主要有孔和标识。标识主要有电子元器件符号标识、编号标识、电子元器件外形投影标识和其他辅助标识。双面印制电路板元件面除了孔和标识外，还有印制导线和焊盘（用于焊接电子元器件的区域）。

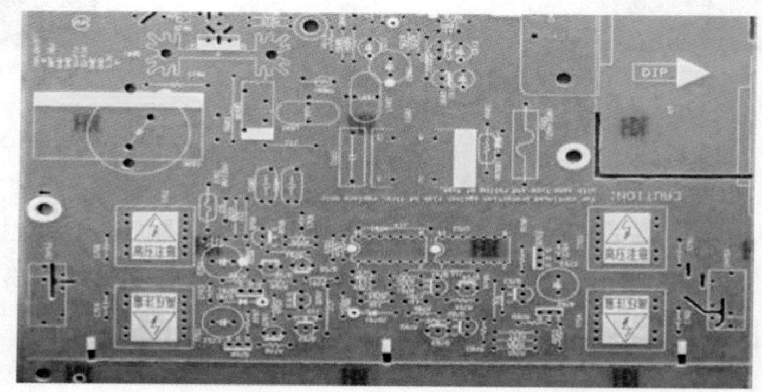

图 2-18　印制电路板元件面

（2）焊接面（见图 2-19）。印制电路板的焊接面除了孔和标识（有些简易印制电路板没有标识）外，还有阻焊漆、印制导线和焊盘。

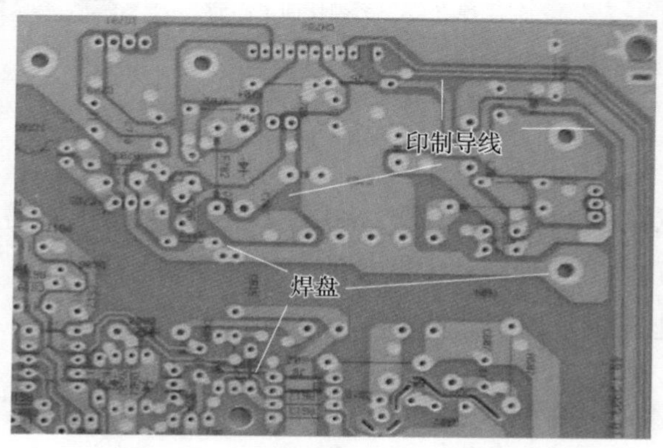

图 2-19　印制电路板焊接面

技能要求

直插元器件焊接

一、操作准备

准备调温式电烙铁，印制电路板，直插元器件（电阻器、电容器、二极管、三极管等，型号不限），焊料与助焊剂，镊子、尖嘴钳、斜口钳等电工工具。

二、操作步骤

步骤 1　直插元器件引脚整形

（1）对直插元器件引脚进行预处理，如图 2–20 所示。

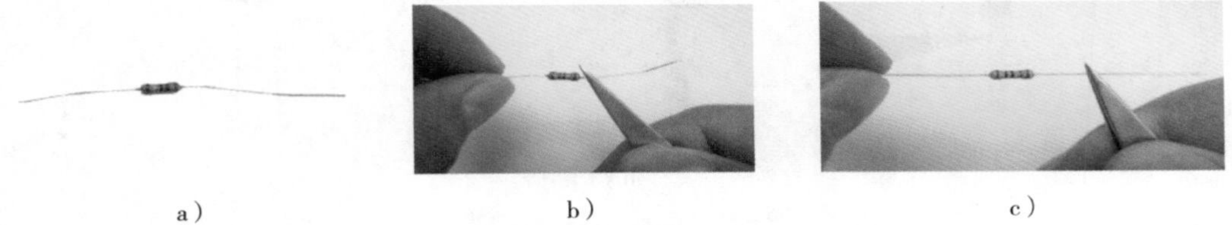

a）　　b）　　c）

图 2–20　引脚预处理

a）弯曲的引脚　b）用镊子拉直引脚　c）拉直后的引脚

（2）目测引脚插孔距离，如图 2–21 所示。

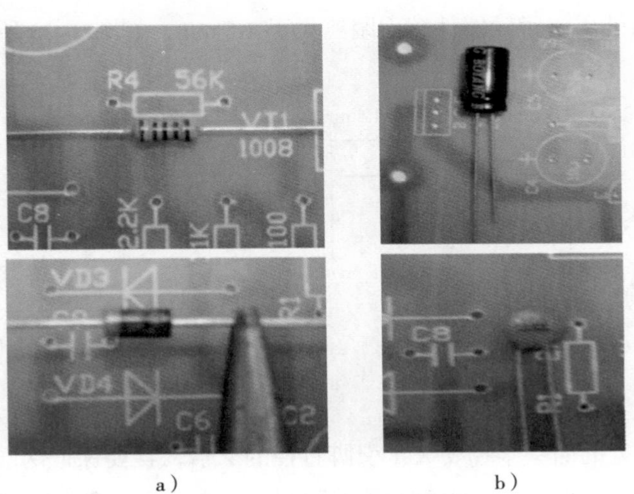

a）　　b）

图 2–21　目测引脚插孔距离

a）卧式电子元器件目测方法　b）立式电子元器件目测方法

（3）根据目测的插孔距离对直插元器件引脚进行整形，如图 2–22 所示。

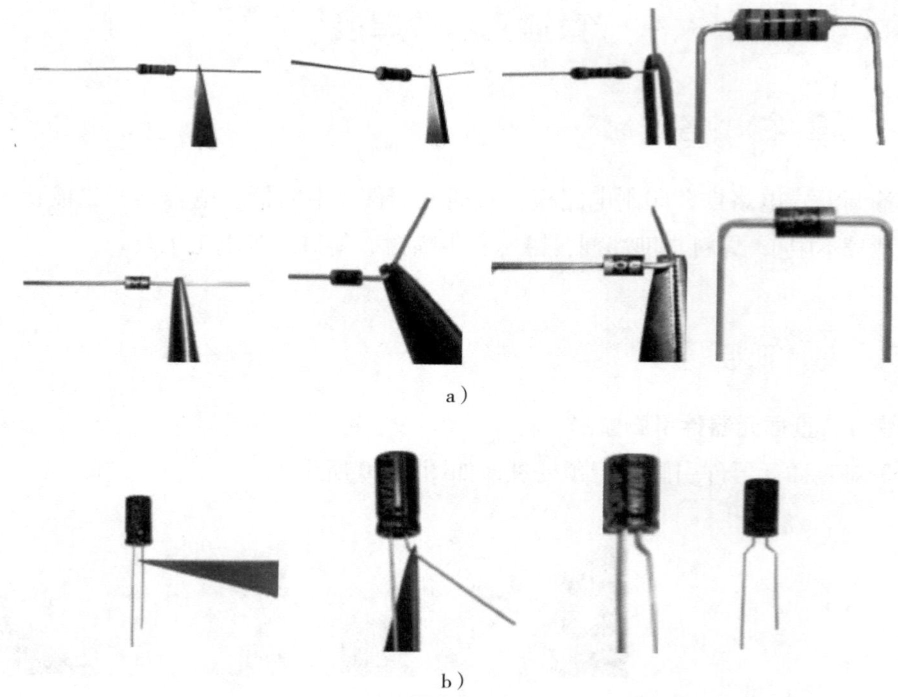

a）

b）

图 2–22　直插元器件引脚整形

a）卧式电子元器件引脚整形　b）立式电子元器件引脚整形

引脚整形技术要求如下。

1）尺寸准确，形状符合要求。

2）引脚弯曲处离电子元器件端面距离大于 1.5 mm，如图 2–23 所示。

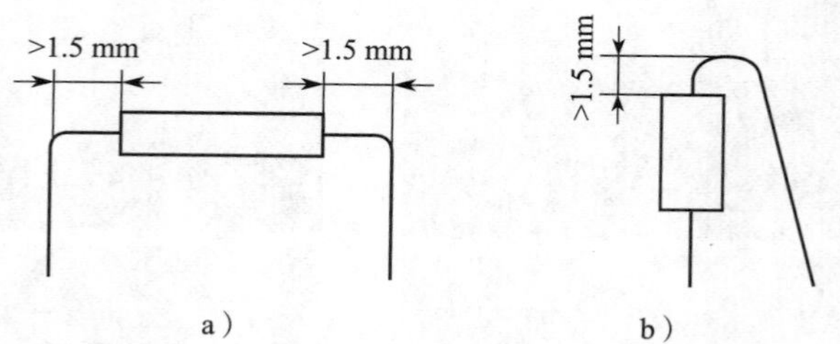

a）　b）

图 2–23　引脚弯曲处与电子元器件端面距离要求

a）卧式电子元器件　b）立式电子元器件

3）引脚弯曲处的曲率半径要大于引脚直径的 2 倍，且要保证两端引脚平行。

4）对卧式电子元器件进行引脚整形时要尽量保证电子元器件两端到引脚弯曲处的距离相等。

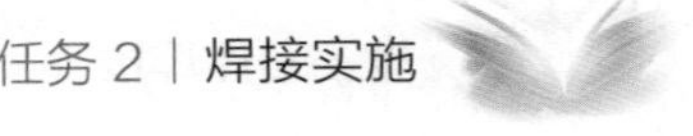

5）整形时不能损伤电子元器件、刮伤引脚镀层。

步骤 2　引脚镀锡

如引脚氧化，则需要镀锡（即在引脚表面镀一层焊料）后才能焊接。

步骤 3　直插元器件插装

直插元器件的插装形式分为卧式贴板插装、卧式悬空插装、立式贴板插装和立式悬空插装，如图 2–24 所示。

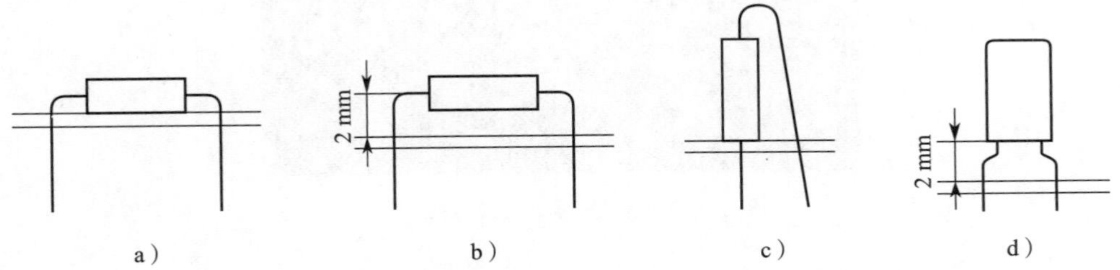

图 2–24　直插元器件的插装形式

a）卧式贴板插装　b）卧式悬空插装　c）立式贴板插装　d）立式悬空插装

注：图中两横线表示印制电路板顶面和底面

直插元器件插装的技术要求如下。

（1）要严格按照工艺要求进行操作。

（2）电子元器件的插装应遵循先小后大、先低后高、先轻后重、先里后外的基本原则。

（3）印制电路板的每个焊盘只允许插入一个引脚。

（4）电子元器件不可错装、漏装。

步骤 4　直插元器件焊接

直插元器件焊接步骤参见图 1–15。直插元器件焊接时应注意以下要点。

（1）处理好焊件表面。在焊接前要对焊件进行清理，去处焊件表面的氧化物、油污、锈迹、杂质等，保持焊件表面清洁。

（2）保持烙铁头的清洁。焊接时烙铁头温度高，助焊剂在其表面容易形成黑色的杂质，影响焊接质量及美观性，因此可用浸湿的海绵及时擦拭烙铁头。

（3）加热位置要合理。焊接时烙铁头应同时对引脚和焊盘加热，使两个焊件受热均匀，防止出现虚焊的现象。

（4）焊接时间要适当。

（5）焊料供给要适当。

（6）电烙铁的撤离方向要正确。

（7）焊料凝固前不可移动焊件。

步骤 5　剪引脚

直插元器件的引脚伸出印制电路板的长度一般为 1 ~ 1.5 mm，多余的引脚可用斜口钳剪去。剪引脚后的焊点如图 2-25 所示。

图 2-25　剪引脚后的焊点

表面安装元器件焊接

知识要求

一、表面安装元器件

表面安装元器件是指采用表面安装技术（SMT）直接焊接到印制电路板上的电子元器件。

1. 表面安装电阻器

（1）外形。表面安装电阻器是一种无引脚的片式固定电阻器，有矩形和圆柱形（外形类似于去掉引脚的直插电阻器）两种外形，常见的是矩形表面安装电阻器，如图 2-26 所示。矩形表面安装电阻器的型号为其长和宽的数值（单位为 mm），如 0805 表示电阻器长 8 mm、宽 5 mm。

（2）标识方法

1）3 位数字标识法。该标识方法与直插电阻器的数码法相同，单位为 Ω。例如，272 表示 27×10^2=2.7 kΩ。当电阻小于 10 Ω 时，用 R 表示电阻小数点的位置，例如 R005 表示电阻为 0.005 Ω 等。

图 2-26　矩形表面安装电阻器

2）4 位数字标识法。4 位数字中前 3 位为有效数字，第 4 位为 10 的指数，单位为 Ω。例如，3902 表示 $390\times10^2\Omega$=39 kΩ。当电阻小于 10 Ω 时，用 R 表示电阻小数点的位置。

3）2 位数字加 1 位字母标识法。2 位数字表示电阻的前两位有效数字，字母表示 0 的个数，单位为 Ω。字母代表的 0 的个数可能因不同的生产标准或厂商而略有不同，可查询相关资料。

2. 表面安装电容器

（1）无极性表面安装电容器

1）外形与结构。无极性表面安装电容器有矩形和圆柱形两种，其中矩形无极性表面安装电容器外形和结构如图 2-27 所示。

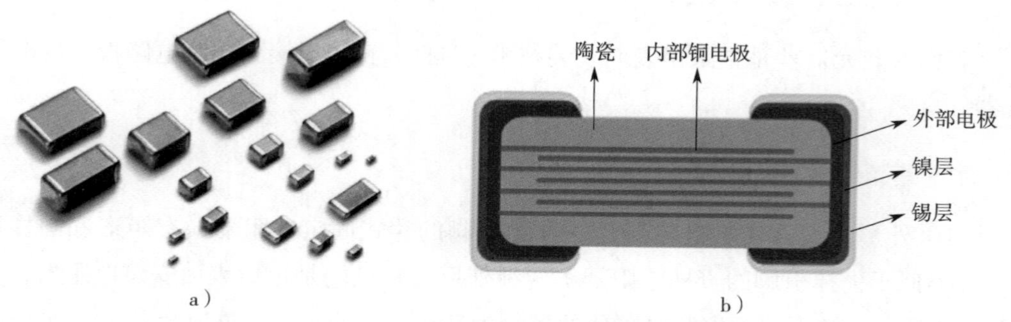

图 2-27　矩形无极性表面安装电容器外形和结构

a）矩形无极性表面安装电容器外形　b）矩形无极性表面安装电容器结构

2）耐压。无极性表面安装电容器的耐压有低压和中高压两种，低压为 200 V 以下，一般为 50 V、100 V，中高压一般有 200 V、300 V、500 V、1 000 V。

3）标识方法。无极性表面安装电容器的电容标识方法为数码法，前 2 位是有效数字，第 3 位为 10 的指数，单位为 pF。例如，151 表示 15×10^1=150 pF。

（2）表面安装电解电容器。常用的表面安装电解电容器有铝电解电容器和钽电解电容器，如图 2–28 所示。表面安装电解电容器有极性，极性一般直接标注在电容器上，有色标端为正极。表面安装电解电容器电容标识方法与无极性表面安装电容器相同。

a）　　　　b）

图 2–28　表面安装电解电容器

a）铝电解电容器　b）钽电解电容器

3．表面安装电感器

表面安装电感器（见图 2–29）分为表面安装叠层电感器和表面安装绕线电感器两类。表面安装叠层电感器尺寸小、品质因数小、电感小。表面安装绕线电感器采用高导磁性铁氧体磁芯，有垂直缠绕和水平缠绕两种绕制方式，比表面安装叠层电感器电感范围大。

a）　　　　b）

图 2–29　表面安装电感器

a）表面安装叠层电感器　b）表面安装绕线电感器

4．表面安装二极管

常见的表面安装二极管分圆柱形、矩形两种，如图 2–30 所示。圆柱形表面安装二极管一端用蓝色环标示负极。矩形表面安装二极管一端用白色线标示负极。

a） b）

图 2-30 表面安装二极管

a）圆柱形表面安装二极管 b）矩形表面安装二极管

5. 表面安装三极管

表面安装三极管体积小、种类多。较常见的为矩形表面安装三极管，如图 2-31 所示。

图 2-31 矩形表面安装三极管

较之直插二极管和直插三极管，表面安装二极管和表面安装三极管体积小，耗散功率也较小，其他参数区别不大。

6. 表面安装集成电路

表面安装集成电路有 SOP（小外形封装）、SOJ（小外形 J 形引脚封装）、PLCC（特殊引脚芯片封装）、QFP（方形扁平式封装）、COB（板上芯片封装）等封装形式，如图 2-32 所示。

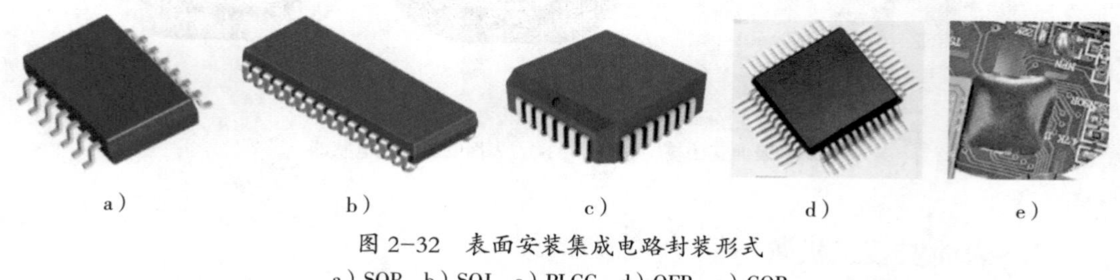

a） b） c） d） e）

图 2-32 表面安装集成电路封装形式

a）SOP b）SOJ c）PLCC d）QFP e）COB

SOP 和 SOJ 是双边封装，是双列直插式封装的变形，其中 SOJ 占用印制电路板面

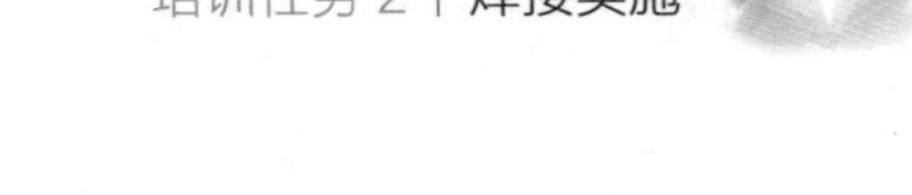

积更小，应用较为广泛。PLCC 和 QFP 是四边封装，其中 PLCC 占用印制电路板面积更小，但其焊点的检测与拆焊较为困难。COB 又称软封装，是将集成电路芯片直接黏附在印制电路板上，并用黑色胶体包封的封装技术。

表面安装集成电路具有引脚间距小、集成度高的优点，广泛用于家电及通信产品中。

二、表面安装电路板

表面安装技术所用的印制电路板被称为表面安装电路板（SMB）。电子元器件通过表面安装技术直接焊接在表面安装电路板的表面。表面安装电路板具有比通孔板更小、更轻、安装密度更高的优点，应用广泛。表面安装电路板的主要组成部分如图 2–33 所示。

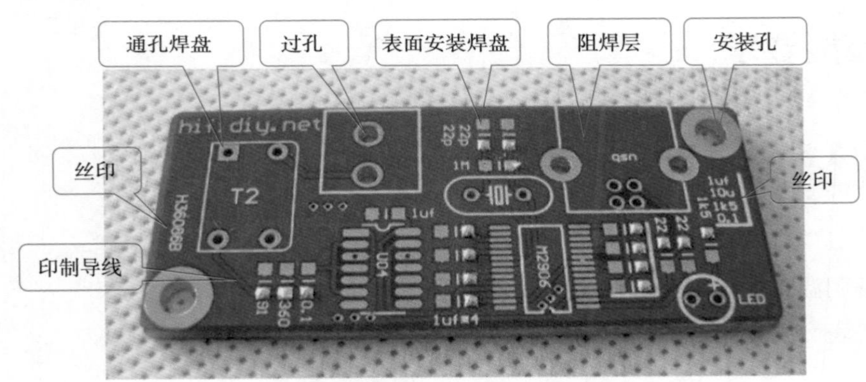

图 2–33　表面安装电路板的主要组成部分

1. 焊盘

焊盘是用于焊接电子元器件的区域，用于焊接直插元器件的焊盘是金属孔（通孔焊盘），用于焊接表面安装元器件的焊盘是金属面（表面安装焊盘）。

2. 过孔

如果不能在印制电路板的一个层面上实现电路所有信号走线，就要利用过孔将信号线进行跨层连接。过孔一般分为金属过孔和非金属过孔，其中金属过孔多用于连接不同层之间的电子元器件引脚。过孔的形式及孔径取决于信号的特性和工艺要求。

3. 印制导线

印制导线是指连接电子元器件引脚的信号线，印制导线的长度和宽度取决于信号的性质，如电流大小、传输速度等。

4. 丝印

丝印也称丝印层，是指印制电路板上印刷的电子元器件名称、位置、方向等信息，以及印制电路板编号、厂商标志、生产批号等。丝印一般为白色。

5. 阻焊层

阻焊层是一层绝缘漆，主要作用是绝缘和防止焊接过程中的误焊，保护印制电路板板面免受污染，并有效阻断铜箔与空气的直接接触。

6. 安装孔

安装孔是为了便于在安装和调试过程中固定或定位印制电路板而设置的孔。

技能要求

表面安装元器件焊接

一、操作准备

准备调温式电烙铁、焊料、助焊剂、酒精。

准备表面安装元器件、表面安装电路板及其他电工工具。

二、操作步骤

1. 表面安装电阻器、表面安装电容器、表面安装二极管、表面安装三极管的手工焊接

步骤 1　涂助焊剂

在焊盘上涂上助焊剂。

步骤 2　焊盘上锡

为了便于安装，可对每个电子元器件对应焊盘中的一个焊盘填充焊料（上锡），如图 2–34 所示。

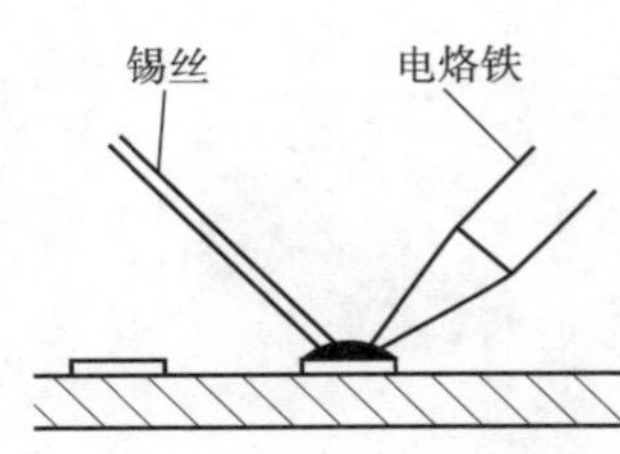

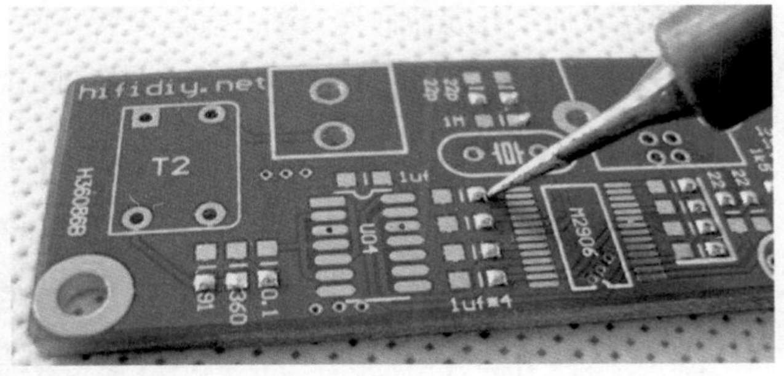

图 2-34　焊盘上锡

步骤 3　焊接表面安装元器件

（1）焊接表面安装元器件一端。如图 2-35 所示，用尖头镊子夹住表面安装元器件靠近上过锡的焊盘（锡点），并将表面安装元器件平稳地压在表面安装电路板上。如图 2-36 所示，用电烙铁加热焊盘，在焊料受热熔化时把表面安装元器件移动到合适的位置。加热 1 ~ 2 s 后撤走电烙铁。此时镊子继续夹住表面安装元器件，确保其位置不变，待焊料凝固后方可松开镊子。这样，表面安装元器件的一端就被固定在了表面安装电路板上。

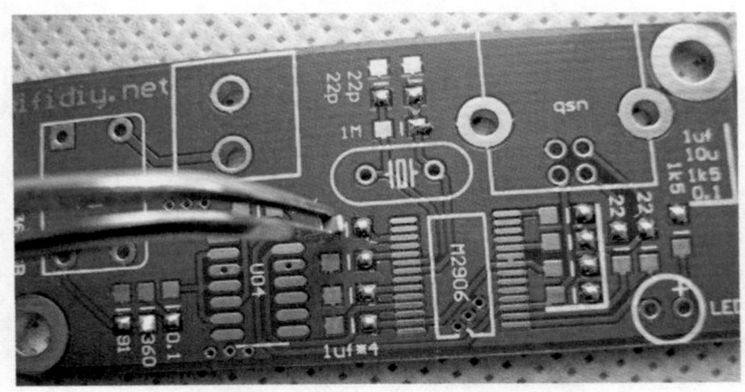

图 2-35　用尖头镊子夹住表面安装元器件靠近锡点

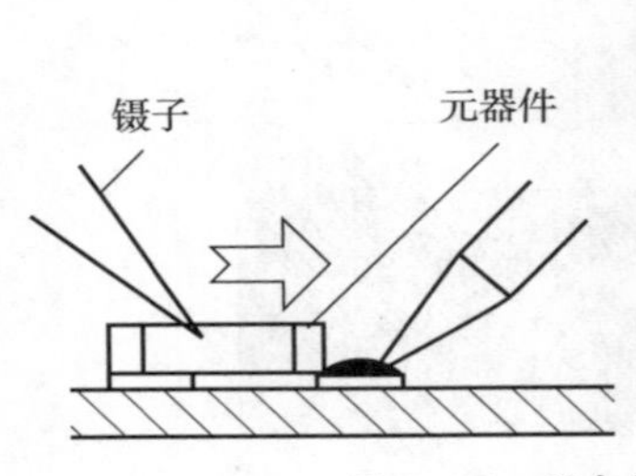

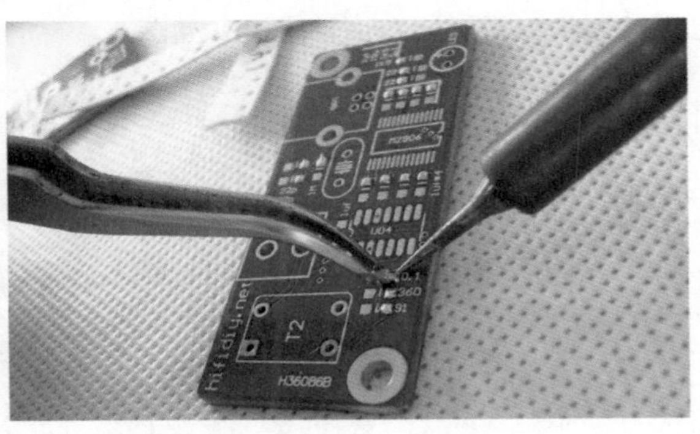

图 2-36　用电烙铁加热锡点并将元器件移至合适位置

（2）焊接表面安装元器件另一端。表面安装元器件一端固定后，不需要再用镊子固定元器件。此时，一手拿锡丝，另一手拿电烙铁焊接，如图 2–37 所示。

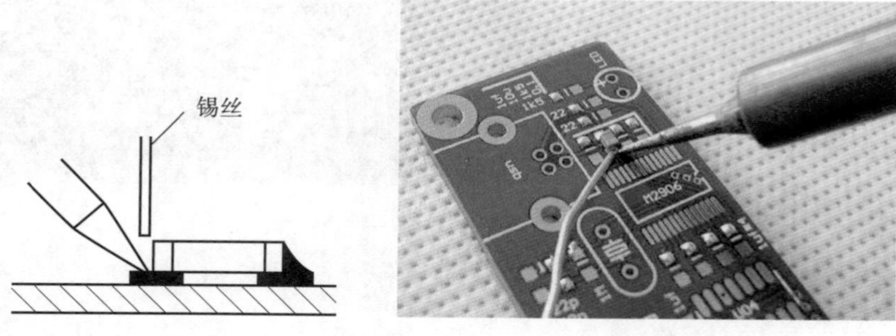

图 2–37　一手拿锡丝，另一手拿电烙铁焊接

表面安装电阻器、表面安装电容器、表面安装二极管、表面安装三极管均用此法焊接。

2. 表面安装集成电路的手工焊接（拖焊）

步骤 1　将表面安装集成电路平放在表面安装电路板安装位上，引脚与焊盘对齐，如图 2–38 所示。

图 2–38　将表面安装集成电路平放在表面安装电路板安装位上

步骤 2　将焊料熔化在烙铁头上，如图 2–39 所示。

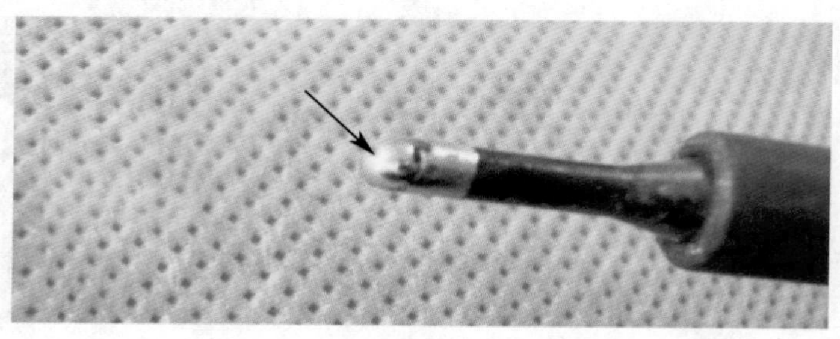

图 2–39　将焊料熔化在烙铁头上

步骤 3 将表面安装集成电路四面各 1 个引脚用熔化的焊料固定在焊盘上进行定位，如图 2-40 所示。

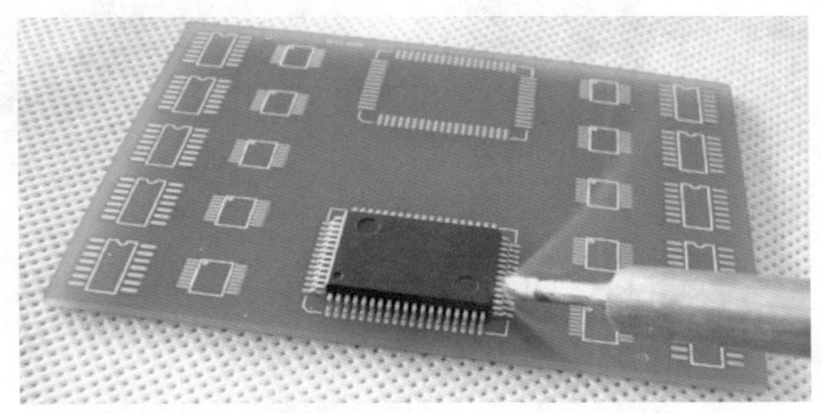

图 2-40 用熔化的焊料固定表面安装集成电路四面各 1 个引脚

步骤 4 在表面安装集成电路引脚与焊盘接触区均匀地填充焊料，如图 2-41 所示。

图 2-41 在引脚与焊盘接触区均匀填充焊料

步骤 5 拖焊

将表面安装电路板倾斜 45° 放置，如图 2-42a 所示。用烙铁头蘸取助焊剂，迅速将其置于引脚的焊料上。当焊料受热熔化后，按图 2-42b 箭头所示方向移动烙铁头，熔化的焊料在助焊剂的帮助下，会沿烙铁头运动方向流动，将各引脚焊接在焊盘上。一次焊接后，如果个别焊点没有焊好，或者出现引脚粘连现象，可用烙铁头再次蘸取助焊剂重复上述过程，直到所有焊点均焊接好为止。

焊好一边的表面安装集成电路如图 2-43 所示。其余几边用同样的方法进行焊接。

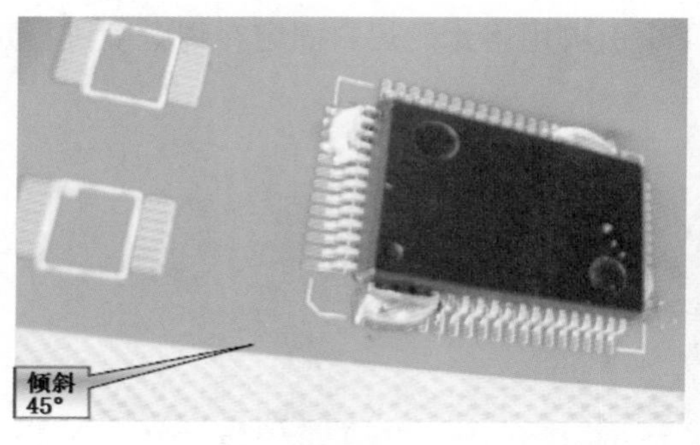

a）

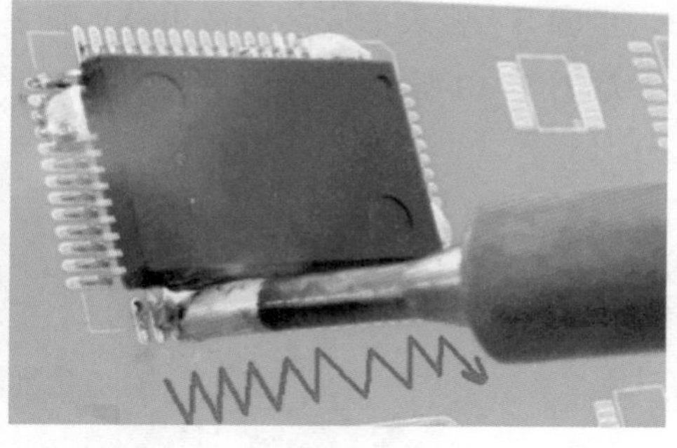

b）

图 2-42　拖焊

a）倾斜 45° 放置表面安装电路板　b）按箭头所示方向移动烙铁头

图 2-43　焊好一边的表面安装集成电路

焊接完成后，如果焊接表面残留有助焊剂，可用酒精清洗，如图 2-44 所示。

a）

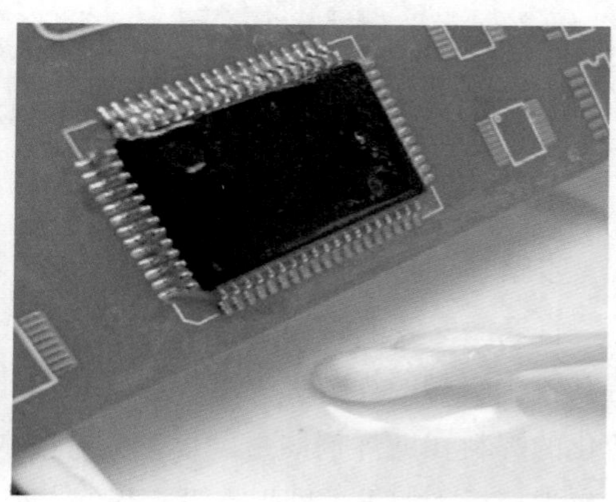

b）

图 2-44　用酒精清洗残留的助焊剂

a）残留有助焊剂的焊接表面　b）用酒精清洗后的焊接表面

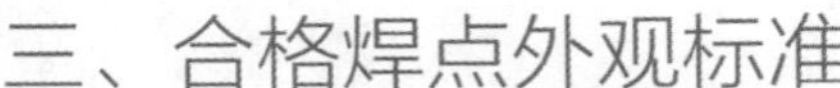

三、合格焊点外观标准

合格焊点外观如图 2–45 所示。

1. 焊点呈内弧形。

2. 焊点要圆润，光滑，有光泽，无锡刺、针孔、空隙、污垢、助焊剂渍。

3. 焊接牢固，焊料应将引脚与焊盘接触区完全包住。

图 2–45　合格焊点外观

导线焊接

知识要求

印制电路板焊接常用的导线有单股导线、多股导线、插针线等。

一、单股导线

单股导线是印制电路板焊接所用导线中最常见的类型，由一根铜线或铝线构成，具有导电性良好、柔软、易弯曲等特点。

二、多股导线

多股导线由多根细铜线编织而成，具有较好的导电能力和灵活性，适用于连接电压高、电流大、频率高的电路。

三、插针线

插针线是连接器内的导线，具有连接方便、不易脱落等特点，适用于需要经常拆卸的电路。

此外，还有已经镀好锡的导线，这种导线可以直接焊接。

技能要求

导线焊接

一、操作准备

准备印制电路板、导线、电烙铁、焊料、松香、剥线钳或剥皮刀、镊子、酒精等。

二、操作步骤

步骤 1　剥线

将导线切割成所需长度。用剥线钳或剥皮刀轻轻剥离导线两端的绝缘层，露出足够长度的裸露导线以供焊接使用，如图 2–46 所示。

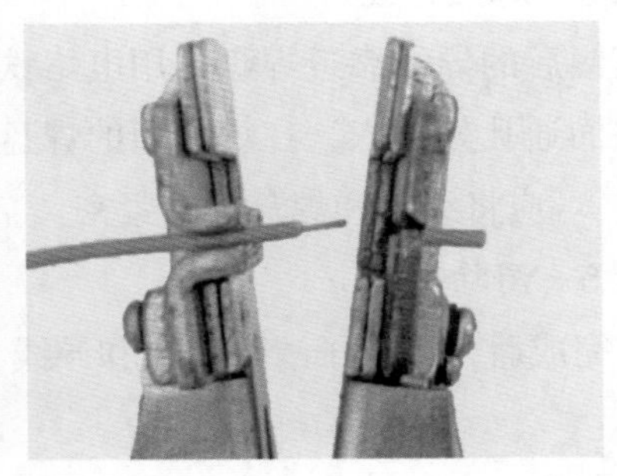

图 2–46　剥线

步骤 2　捻头

多股导线剥出后线头分散，不便焊接，需要进行捻头，将线头拧紧，如图 2–47 所示。单股导线不需要进行这一步。

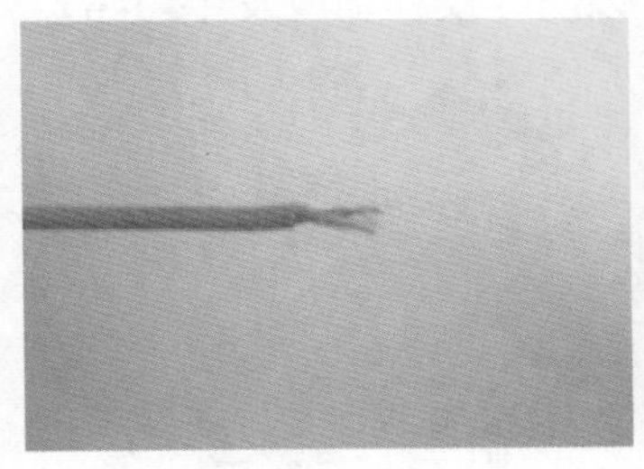
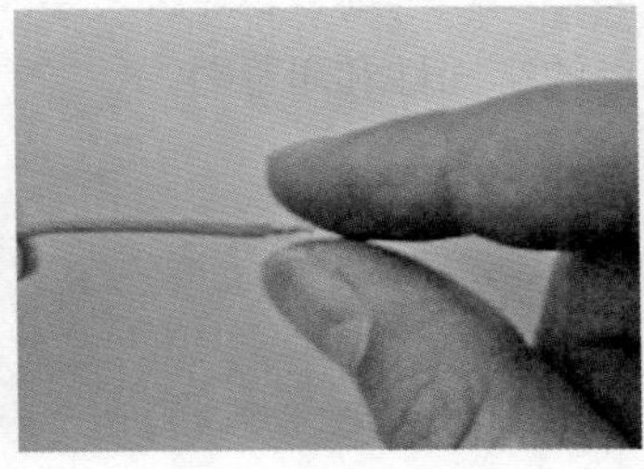
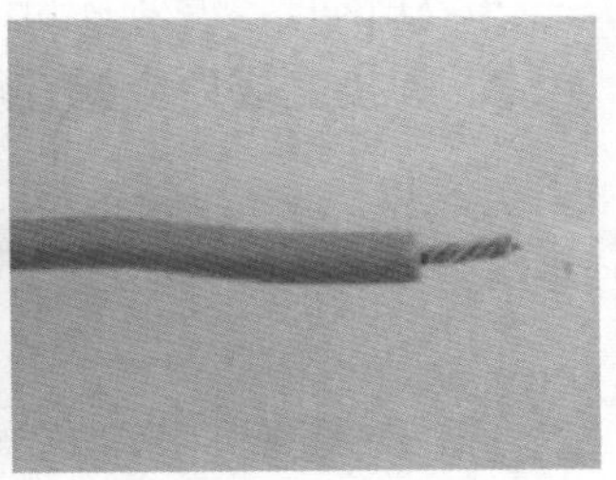

图 2–47　捻头

步骤 3　镀锡

将松香涂在需要焊接的线头上，或者将线头放在烙铁架的松香槽里蘸取松香。加热烙铁头至适当温度后，将适量焊料熔化在烙铁头上，对线头进行镀锡处理。这一步骤有助于防止导线金属部分氧化，提高焊接质量。镀锡后的导线如图 2–48 所示。

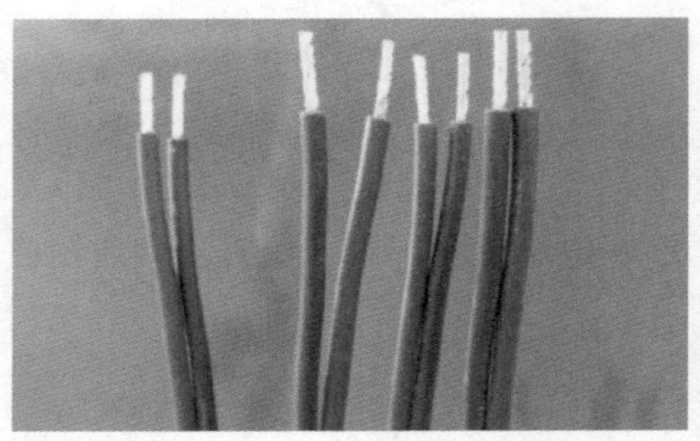

图 2–48　镀锡后的导线

镀锡后，若线头残留有多余的焊料或松香，可用酒精轻轻擦拭以去除。应避免使用尖锐的工具进行刮擦，以防止损坏导线。如果焊接要求不高，也可以不擦拭。

步骤 4　焊接导线

将镀锡后的导线靠近焊盘，用电烙铁将线头与焊盘焊接在一起（若有通孔，将线头从元件面通孔处穿入，在焊接面的焊盘处焊接；若没有通孔，则直接将线头压在焊盘上焊接）。应将线头和焊盘焊接紧密。

步骤 5　清除焊渣

焊接完成后，用镊子清除焊盘和导线上的焊渣。

三、注意事项

1. 不宜用过多松香。
2. 电烙铁温度应适当，不可过高，以免损坏印制电路板。
3. 导线焊接时间与元器件焊接时间相当，注意不要烫坏导线绝缘层。
4. 焊接时，务必保持手部稳定，确保导线固定不动，以防导线移动或发生短路。
5. 焊接完成后应检查焊点的牢固性和可靠性。

测试题

一、判断题（将判断结果填入括号中。正确的画“√”，错误的画“×”）

1. 电阻器的标称电阻值是电阻器上标注的电阻。　　　　（　　）

2. 标有 331 的电阻器，其标称电阻值为 331 Ω。（　　）

3. 电容的基本单位是法拉（F），常用单位还有微法（μF）、纳法（nF）、皮法（pF）。（　　）

4. 电解电容器是极性电容器。（　　）

5. 直插二极管具有单向导电性。（　　）

6. β 是三极管的电流放大倍数，它反映三极管的电流放大能力。（　　）

7. 在通孔板上进行焊接时，电子元器件的引脚要穿过孔进行安装。印制电路板的一面是元件面，另一面是焊接面。（　　）

8. 表面安装技术是将电子元器件焊接在印制电路板的表面。表面安装电路板具有比通孔板更小、更轻、安装密度更高的优点。（　　）

9. 多股导线的焊接主要步骤包括剥线、捻头、镀锡和焊接。（　　）

二、单项选择题（选择一个正确的答案，将相应的字母填入题内的括号中）

1. 如四色环电阻器的色环颜色为“红黑红金”，其电阻和误差为（　　）。

A. 200 Ω，±10%　　B. 2 kΩ，±5%

C. 20 kΩ，±5%　　D. 2 kΩ，±10%

2. 如五色环电阻器的色环颜色为“绿棕黑红棕”，其电阻和误差为（　　）。

A. 510 Ω，±1%　　B. 5.1 kΩ，±1%

C. 51 kΩ，±2%　　D. 51 kΩ，±1%

3. 电容器上标注的 47n 表示电容为（　　）。

A. 47 F　　B. 47 nF　　C. 47 μF　　D. 47 V

4. 电感器上标注的 4R7 表示电感为（　　）。

A. 4.7 H　　B. 47 nH　　C. 4.7 μH　　D. 4.7 nH

5. 型号为 0805 的矩形表面安装电阻器外形尺寸为（　　）。

A. 长 8 cm、宽 5 cm　　B. 长 8 mm、宽 5 cm

C. 长 8 mm、宽 5 mm　　D. 长 5 mm、宽 8 mm

测试题参考答案

一、判断题

1. √　2. ×　3. √　4. √　5. √　6. √　7. √　8. √　9. √

二、单项选择题

1. B　2. D　3. B　4. C　5. C

培训任务 3

焊接质量鉴定

焊接质量检查

知识要求

一、焊接质量要求

焊接是电子产品装配过程中的一项重要技术，也是电子产品制造的重要环节之一。它在电子产品实验、调试、生产中应用非常广泛，而且工作量相当大。焊接质量将直接影响电子产品的质量。电子产品的故障除电子元器件方面的原因外，大多是由于焊接质量不佳造成的。

质量良好的焊点应具有良好的电气接触、足够的机械强度和光洁整齐的外观。保证焊点质量最为关键的是要避免虚焊。

1．直插元器件焊接质量要求

（1）引脚凸出要求。在单面印制电路板上进行焊接时，电子元器件引脚伸出焊盘的长度应不超过 2.3 mm，不少于 0.5 mm。对于厚度超过 2.3 mm 的通孔板（双面板）、引脚长度已确定的电子元器件（如集成电路插座），引脚凸出是允许不可辨识的。

（2）通孔的垂直填充要求。焊料的垂直填充须达孔深度的 75%，即印制电路板厚度的 3/4；焊接面引脚和孔壁润湿至少 270°。

（3）焊料对通孔和非支撑孔（支撑孔指提供机械支撑的孔）焊盘的覆盖面积须大于或等于 75%。

（4）直插元器件焊点（见图 3–1）要求

1）以引脚为中心，匀称、呈裙形拉开。

2）焊料的连接呈半弓形凹面，焊料与焊件交界处平滑，接触角尽可能小。

3）表面有光泽且平滑，无裂纹、针孔、夹渣。

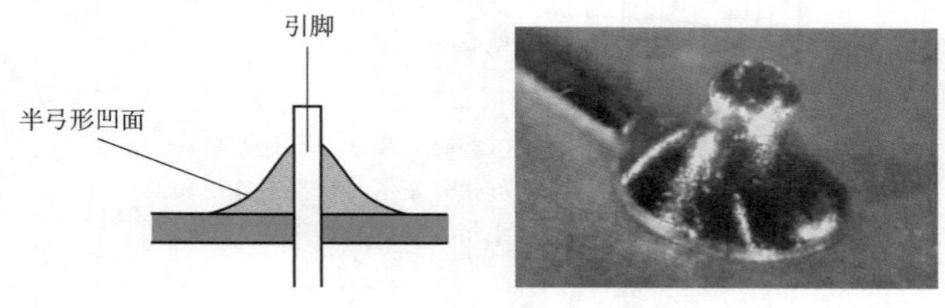

图 3–1　直插元器件焊点

2. 表面安装元器件焊接质量要求

表面安装元器件焊点如图 3–2 所示。

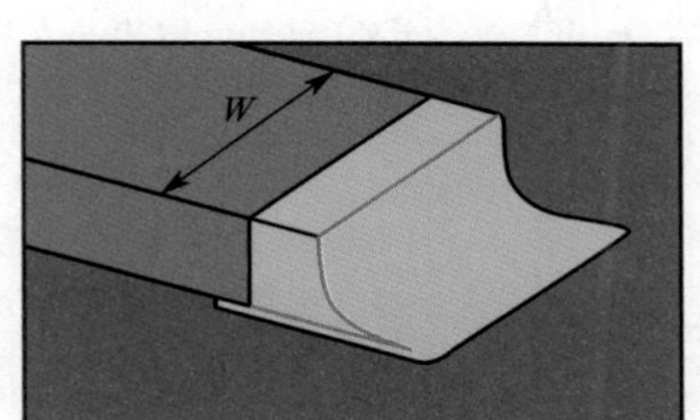

图 3–2　表面安装元器件焊点

表面安装元器件焊接质量要求见表 3–1。

表 3–1　　表面安装元器件焊接质量要求

项目	示意图	质量要求	检测工具
表面安装分立元件竖直方向位置	W	表面安装分立元件电极宽度（W）的 1/2 以上应覆盖在焊盘上	卡尺（无法用检测工具测量时，可用放大镜目测）

续表

项目	示意图	质量要求	检测工具
表面安装分立元件水平方向位置	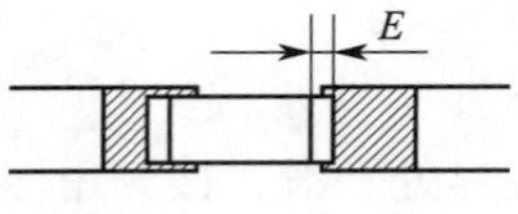	表面安装分立元件电极长度（E）的1/2以上应覆盖在焊盘上	卡尺
表面安装分立元件位置（倾斜）	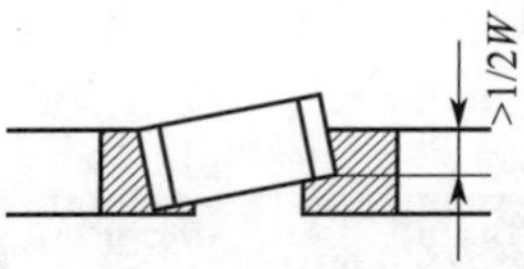	表面安装分立元件倾斜时，其电极宽度的1/2以上应覆盖在焊盘上	卡尺
	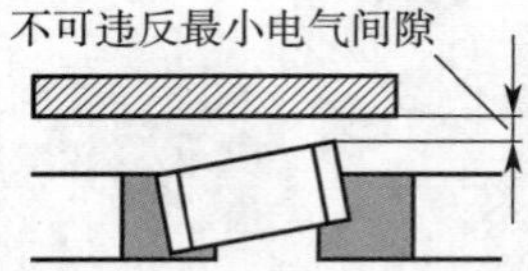	表面安装分立元件倾斜时，其与相邻导体的距离不可违反最小电气间隙要求	目测
表面安装集成电路位置	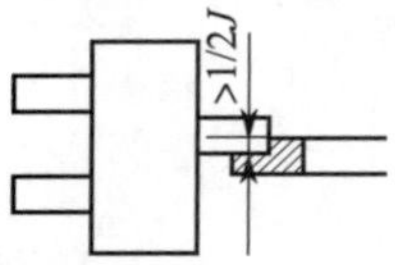	表面安装集成电路引脚宽度（J）的1/2以上应覆盖在焊盘上	卡尺
	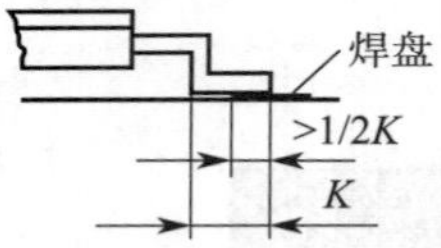	表面安装集成电路引脚长度（K）的1/2以上应在焊盘上	卡尺
	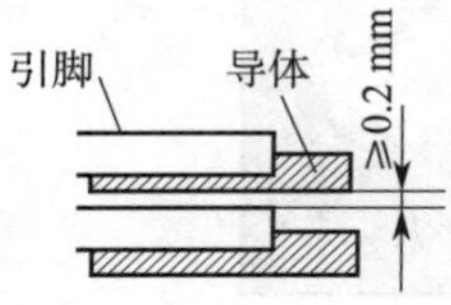	表面安装集成电路如发生偏移，引脚与相邻导体的间距应大于或等于0.2 mm	卡尺
焊料量（焊点高度、宽度）	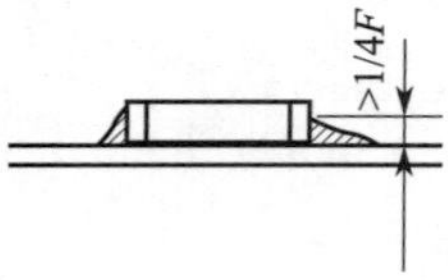	焊点高度应大于表面安装元器件电极高度（F）的1/4，宽度应大于表面安装元件电极宽度的1/4	卡尺
	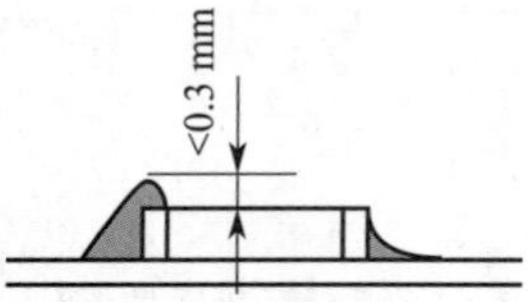	焊点高度不得超出表面安装元器件电极高度0.3 mm以上	杠杆百分表
焊料量（焊点长度）	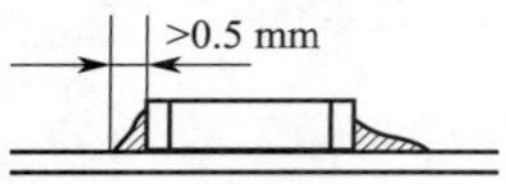	焊点长度（G）应大于0.5 mm	卡尺

续表

项目	示意图	质量要求	检测工具
焊料量（焊料溢出）	焊料覆盖元器件本体	焊料不得超过表面安装元器件电极覆盖表面安装元器件本体	目测
	焊料溢出	焊料不可溢出焊盘	目测
表面安装元器件的粘接	良品 黏结剂	对于需要先粘接再焊接的表面安装元器件，在表面安装元器件的电极和印制电路板之间应无黏结剂	目测
	黏结剂 不良品		
引脚不稳	<0.5 mm	引脚翘起高度在 0.5 mm 以下	卡尺

二、焊接质量检验方法

1. 目视检查

目视检查就是检查焊点的外观是否有缺陷，是否符合质量要求。合格焊点的剖面如图 3-3 所示。目视检查的主要内容如下。

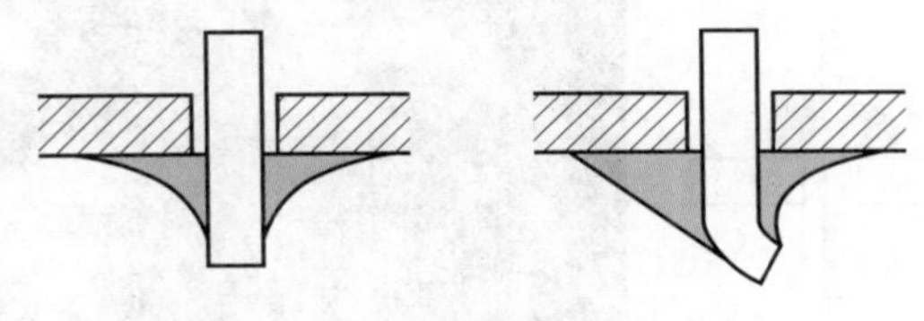

图 3-3　合格焊点剖面

（1）是否有漏焊，即应该焊接的焊点没有焊上。
（2）焊点的光泽是否良好。
（3）焊点的焊料是否充足。
（4）焊点周围是否有残留的焊料。
（5）是否有连焊、焊盘脱落现象。
（6）焊点是否有裂纹。
（7）焊点是否凹凸不平，是否有锡角。

2. 手触检查

手触检查主要是指触摸电子元器件，检查是否有松动（焊接不牢）的现象。可用镊子夹住电子元器件引脚，轻轻拉动，观察有无松动现象，以及焊点的焊料是否有脱落现象。

3. 通电检查

对焊点外观检查结束后，诊断连线无误，才可进行通电检查。如果不经过严格的外观检查，通电检查不仅可能遇到的问题较多，而且有可能损坏设备仪器，造成安全事故。例如若电源连线虚焊，那么通电时就会发现设备无法通电。

通电检查可以发现许多微小的缺陷，例如无法直接观察到的电路桥接，但对于内部虚焊的隐患则不容易觉察。因此，根本上还须提高焊接操作的技能水平。

三、直插元器件焊接常见缺陷及分析

1. 冷焊

冷焊缺陷的焊点如图 3–4 所示。

（1）后果。冷焊会导致导通不良，机械强度弱。

（2）产生原因。冷焊的产生原因包括焊料扩散不良（碳化），热量不足，母材（铜箔、引脚）氧化，焊料氧化，烙铁头不良（氧化），焊料活性低等。

图 3–4　冷焊缺陷的焊点

2. 焊点裂纹

焊点裂纹如图 3–5 所示。

（1）后果。焊点裂纹会导致导通不良，机械强度弱。

（2）产生原因。焊点裂纹的产生原因包括焊料中有气体逸出，加热方法不当（热量不足），设计不良（孔径过大、孔和焊盘位置有偏差），母材氧化等。

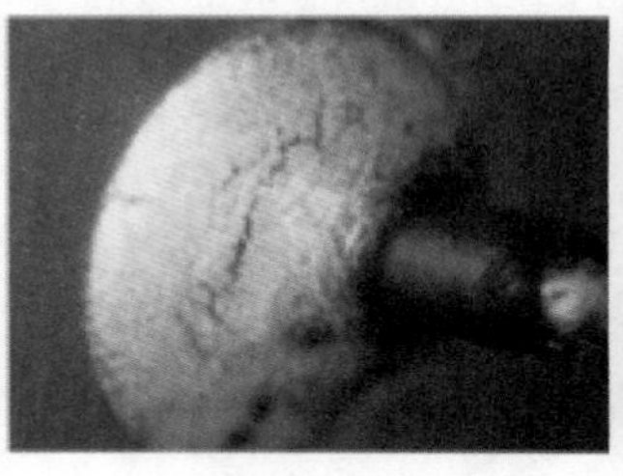

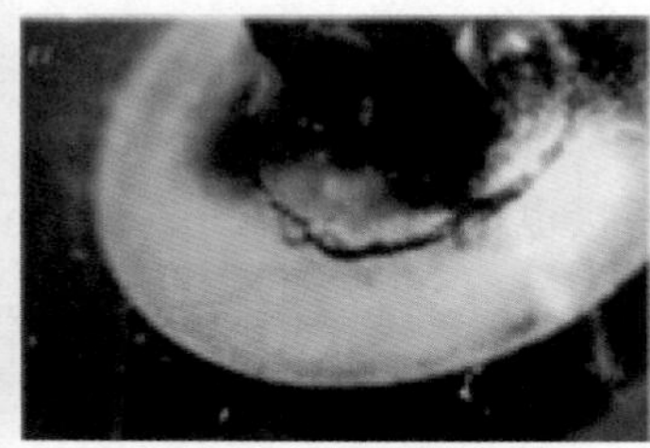

图 3–5 焊点裂纹

3. 锡渣

锡渣如图 3–6 所示。

（1）后果。锡渣会导致定期出现电火花。

（2）产生原因。锡渣的产生原因包括焊料氧化，焊料过多，焊料投入方法不当（直接放在电烙铁上），电烙铁撤离角度错误，电烙铁撤离速度太快，烙铁头未清洗等。

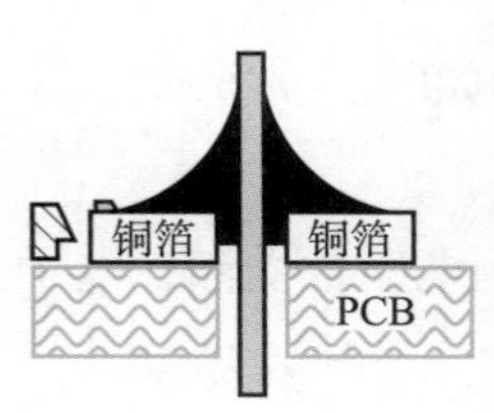

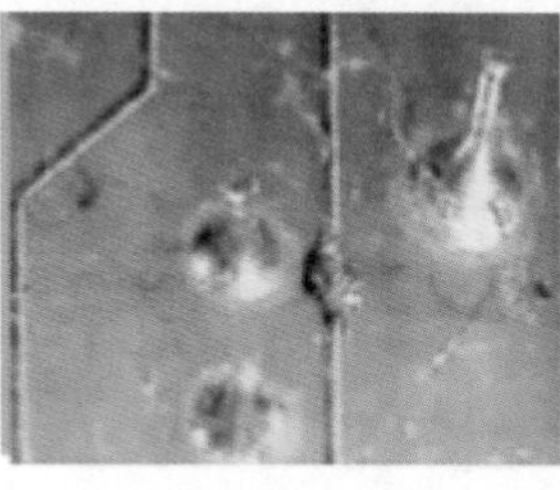

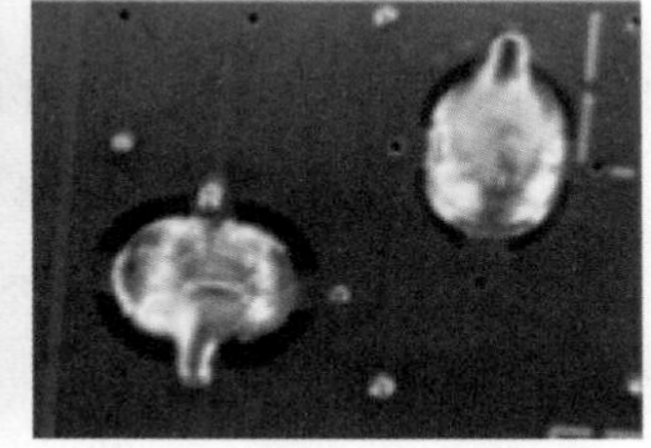

图 3–6 锡渣

4. 锡角

锡角也称拉尖，如图 3–7 所示。

（1）后果。锡角会导致外观不良。

（2）产生原因。锡角的产生原因包括热量过大，加热时间过长，电烙铁撤离速度过快，助焊剂用量过少，拖锡角度不正确等。

图 3-7 锡角

5. 桥接

桥接也称连锡，如图 3-8 所示。

（1）后果。桥接会导致电气短路。

（2）产生原因。桥接的产生原因包括电子元器件剪脚时留下的引脚过长，引脚上的多余焊数未清除等。

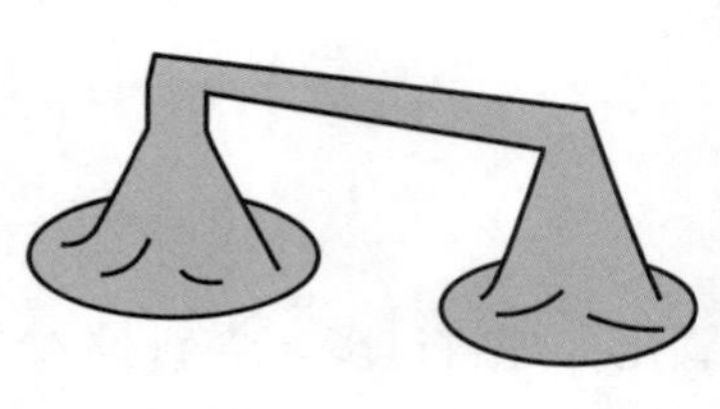

图 3-8 桥接

6. 针孔

针孔是焊接过程中在焊点内部形成的微小空洞或气泡，如图 3-9 所示。

（1）后果。针孔会导致机械强度不足，焊点易腐蚀。

（2）产生原因。针孔的产生原因包括焊料被污染，印制电路板受潮，电子元器件材料因素，环境因素等。

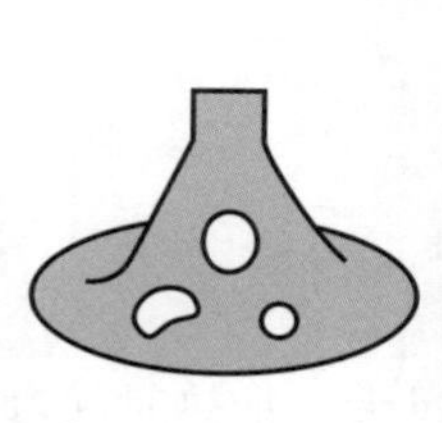

图 3-9 针孔

7. 铜箔剥离

铜箔剥离如图 3–10 所示。

（1）后果。铜箔剥离会导致印制电路板损坏。

（2）产生原因。铜箔剥离通常是由于焊接时间过长造成的。

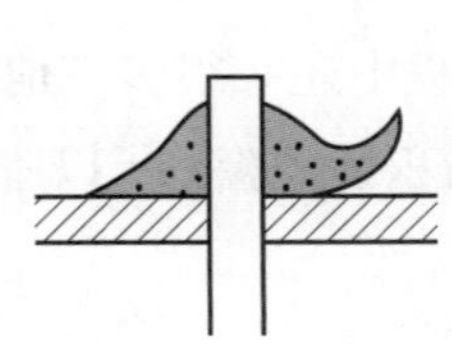

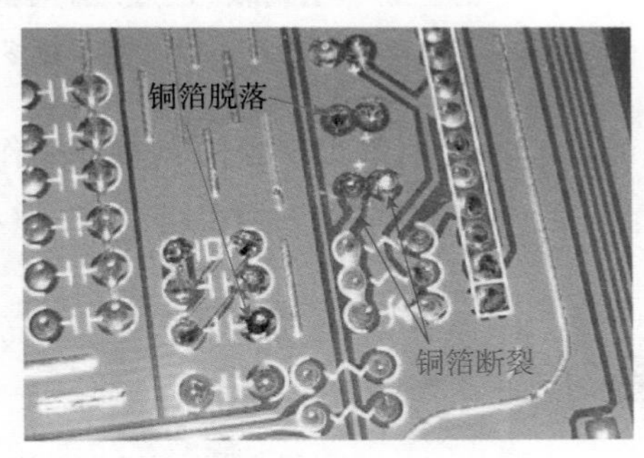

图 3–10　铜箔剥离

8. 虚焊

虚焊也称假焊，如图 3–11 所示。

（1）后果。虚焊会导致电路不能正常工作。

（2）产生原因。虚焊的产生原因包括电子元器件引脚未清洁，焊料被氧化，印制电路板未清洁，喷涂的助焊剂质量不好等。

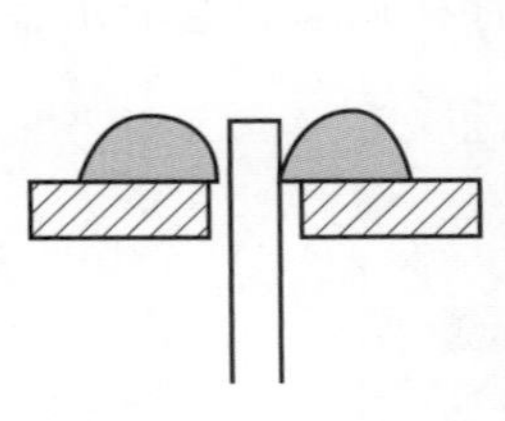

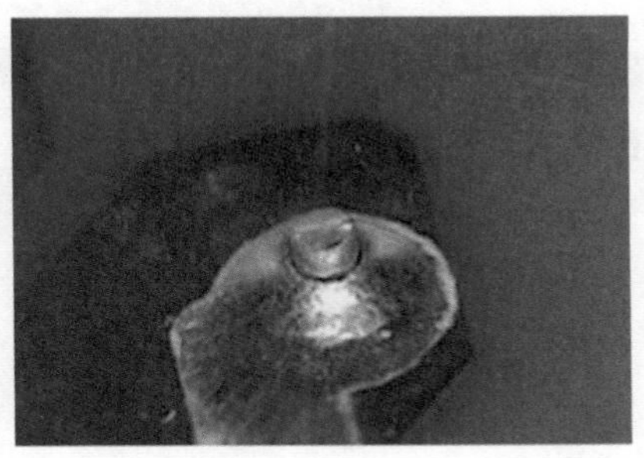

图 3–11　虚焊

9. 焊料过多

焊料过多如图 3–12 所示。

（1）后果。焊料过多会造成焊料浪费，导致包焊，且可能包藏缺陷。

（2）产生原因。焊料过多一般是焊丝撤离过迟造成的。

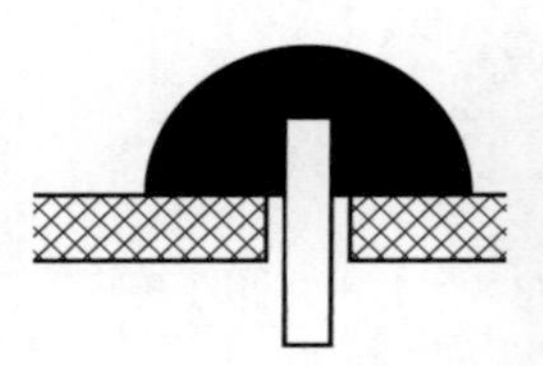

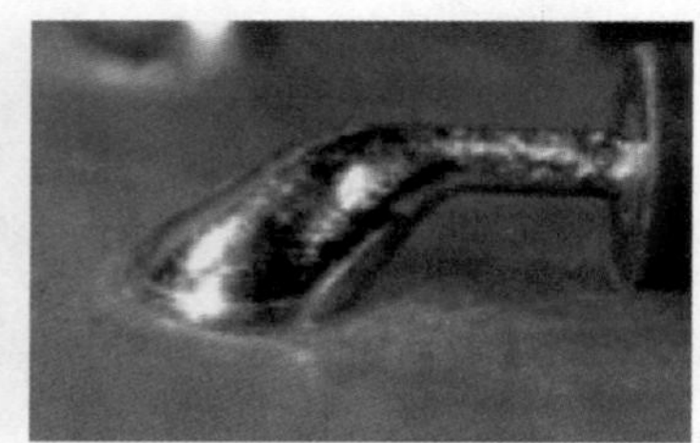

图 3–12　焊料过多

上述是主要的直插元器件焊接缺陷，实际操作过程中还有很多其他类型的缺陷，因篇幅有限在此不一一进行描述，须在实际操作中不断积累经验，予以避免。

技能要求

电子元器件焊接质量检查

一、操作准备

准备已焊接好电子元器件的印制电路板（有焊接符合要求的电子元器件和焊接存在缺陷的电子元器件）、检测工具等。

二、操作步骤

检查并找出焊接符合要求的电子元器件、焊接存在缺陷的电子元器件，并说明存在的缺陷，以表格形式列明。

不合格焊点的修复

知识要求

一、标准焊点的要求

标准焊点应具有可靠的电气连接、足够的机械强度、光亮规整的外观，如图 3–13 所示。具体判断方法如下。

1. 焊点形状为近似圆锥而表面稍微凹陷，呈慢坡状，以电子元器件引脚为中心，对称裙形展开。虚焊点的表面往往向外凸出，可以据此鉴别。

2. 焊点上焊料的连接面呈半弓形凹面，焊料和焊件的交界处平滑过渡，接触角尽可能小。

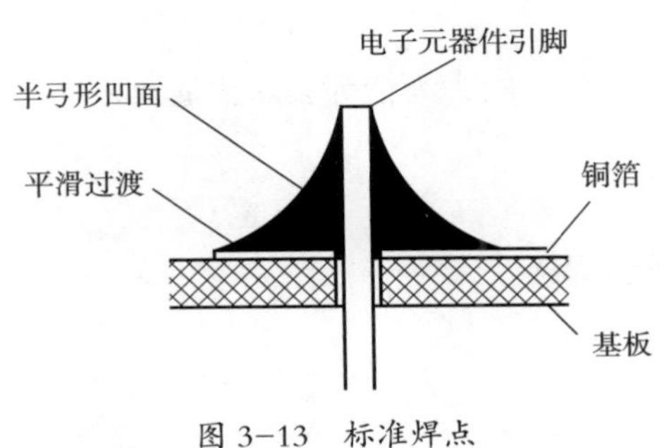

图 3–13　标准焊点

二、直插元器件不合格焊点修复

1. 锡角的修复

须重新焊接。焊接时应掌握好焊接时间，增加助焊剂的用量，拖锡角度为45°。

2. 针孔的修复

须重新焊接。焊接时适当增加焊接的时间，对氧化的引脚进行加锡预涂敷处理，对受潮印制电路板进行烘干。

3. 焊料过多的修复

须重新焊接。焊接时应选择适宜的电烙铁，控制好电烙铁温度，掌握好焊接时间，适当减少焊料用量。

4. 冷焊的修复

须重新焊接。待焊点彻底冷却后再移动印制电路板。

5. 桥接的修复

须重新焊接。焊接时运用恰当的助焊剂，控制好焊接时间，适当调整焊接温度。

6. 焊点裂纹的修复

须重新焊接。重新焊接时使用正确的焊接方法，选择合适的印制电路板，消除导致缺陷的不良因素。

7. 虚焊的修复

须重新焊接。焊接时控制好电烙铁温度和撤离速度、焊接时间等参数，确保焊料充分润湿焊盘和引脚。

8. 锡渣的修复

使用吸锡枪、吸锡线、热风枪、酒精等去除锡渣。

9. 铜箔剥离的修复

更换印制电路板后重新焊接。

三、表面安装元器件不合格焊点修复

表面安装元器件焊点宽度、高度、长度等不合格均可通过重新焊接方式处理。

表面安装元器件焊点不合格导致元器件偏移或倾斜，且偏移量或倾斜量不符合质量要求的，可取下表面安装元器件重新焊接。

多脚表面安装元器件引脚如发生桥接现象（见图 3–14a），可用吸锡带（见图 3–14b）或吸锡枪（见图 3–14c）将焊料吸除后重新焊接。

a）

b）

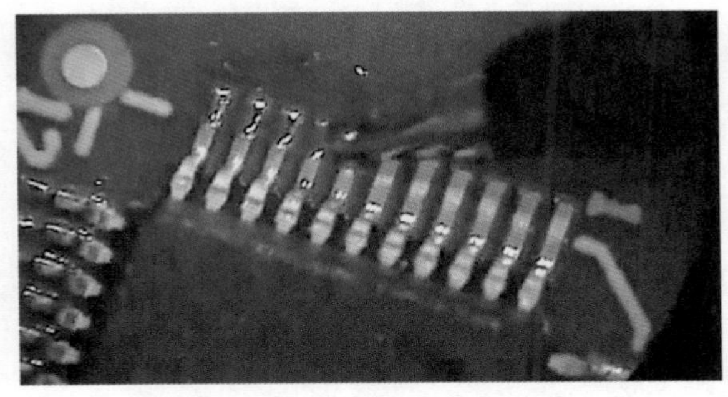

c）

图 3–14　多脚元器件引脚桥接的修复方法

a）桥接现象　b）用吸锡带吸除焊料　c）用吸锡枪吸除焊料

技能要求

不合格焊点的修复

一、操作准备

准备已焊接好电子元器件的印制电路板（有直插元器件和表面安装元器件，且有常见的不合格焊点)，调温式电烙铁，吸锡带，吸锡枪及其他电工工具。

二、操作步骤

找出印制电路板上的不合格焊点并进行修复。

思考题

1. 电子元器件焊接质量的目视检查主要检查哪些内容？
2. 电子元器件焊接质量的手触检查主要检查哪些内容？

培训任务 4

电子元器件拆除

直插元器件的拆除

知识要求

一、2~3 个引脚直插元器件的拆除

1. 用电烙铁拆除

（1）用常规电烙铁拆除。对于电阻器、二极管、三极管等只有 2~3 个引脚的电子元器件，可用电烙铁直接加热引脚处焊料至其熔化，用手或镊子捏住该引脚朝外拔出，逐脚拆除，如图 4–1 所示。由于电子元器件的引脚相互牵制，可能一次不能完全拔出，需要几个引脚多次轮流朝外拔才能拆除。另外，有些电子元器件在焊接时会特意打弯引脚，应在熔化焊料后用烙铁头将打弯的引脚调正，才能顺利拆除电子元器件。

对于引脚之间距离较近的电子元器件，如电容器、发光二极管等，可将电烙铁在两个靠近的引脚间反复移动，交替加热两个引脚，直到两个引脚上的焊料均熔化，再用手或镊子捏住电子元器件将其从印制电路板上取下。

（2）用吸锡电烙铁拆除。吸锡电烙铁的烙铁头（见图 4–2）是中空的，手柄与吸锡枪结构相似。将吸锡电烙铁中心弹簧轴压下，使烙铁头垂直于印制电路板并套住电子元器件引脚，加热焊点，当焊料熔化后按下吸锡按钮，吸除熔化的焊料，如图 4–3 所示。如果一次无法吸除所有焊料，需要反复操作多次。

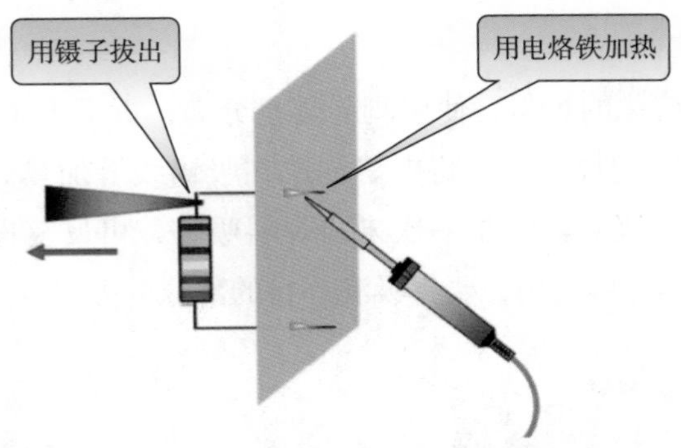

图 4-1　用电烙铁拆除电子元器件

图 4-2　吸锡电烙铁的烙铁头

图 4-3　用吸锡电烙铁套住引脚加热并吸除焊料

2. 用吸锡枪拆除

可用电烙铁加热引脚处焊料，用吸锡枪吸取焊料后拆除电子元器件。拆除时，右手以握笔法持电烙铁，使其与水平放置的印制电路板成 35° 左右夹角；左手以拳握式持吸锡枪，使吸锡枪与印制电路板成 45° ~ 60° 夹角拇指操控吸锡按钮，如图 4–4 所示。将烙铁头尖端置于焊点上，使焊料熔化，移开电烙铁的同时，迅速将吸锡枪竖起，与印制电路板呈近乎垂直状态压在焊点上，按动吸锡按钮，吸取焊料。将各焊点焊料均吸除后拆下电子元器件。

图 4-4　用吸锡枪拆除电子元器件

3. 用吸锡线拆除

可用吸锡线吸去熔化的焊料，使引脚与焊盘分离，拆下电子元器件。在吸锡线上涂上松香，放在要拆除的焊点上，将电烙铁放在吸锡线上加热焊点，如图 4–5 所示。焊料熔化后会被吸锡线吸走。如果一次未将焊料吸完，可反复操作多次，直至吸完。吸锡线吸满焊料后就不能再使用，要将吸满焊料的部分剪去。

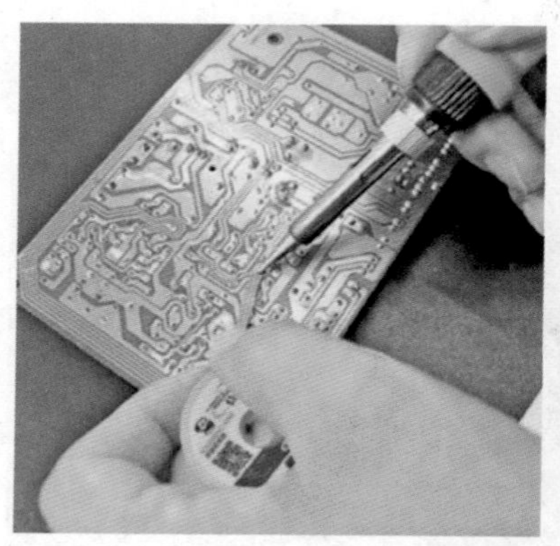

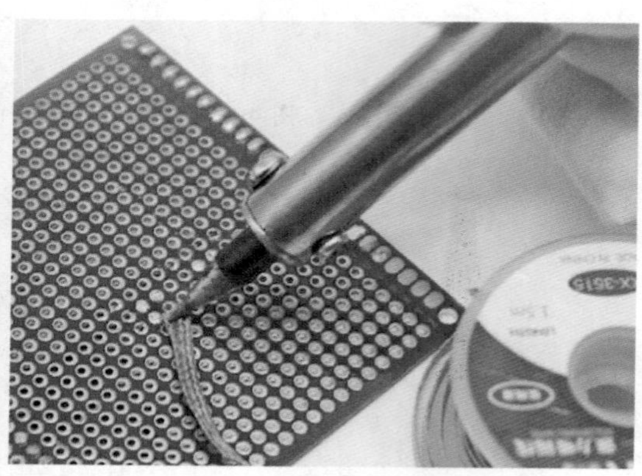

图 4–5　将电烙铁放在吸锡线上加热焊点

4. 用空芯针拆除

用电烙铁加热焊点使焊料熔化，用直径与焊盘孔径相当的空芯针套住电子元器件引脚，如图 4–6 所示。移开电烙铁，同时转动空芯针直至焊料冷却凝固，再取出空芯针。用这种方式处理好电子元器件的所有引脚，引脚就与印制电路板分离了，可直接取下电子元器件。运用这种方法时注意不要把焊盘从印制电路板上转离。

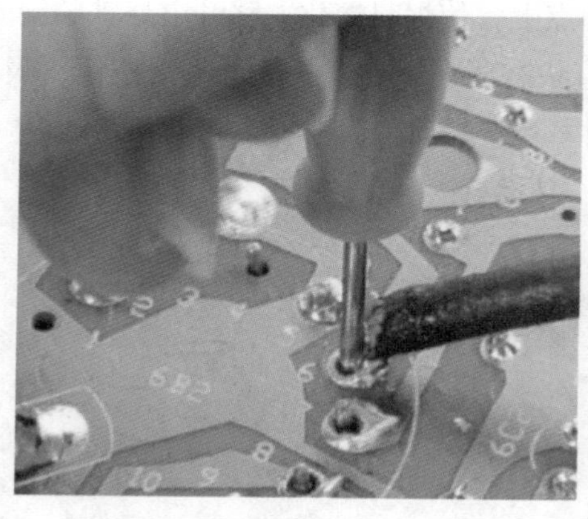

图 4–6　用电烙铁加热焊点并用空芯针套住引脚

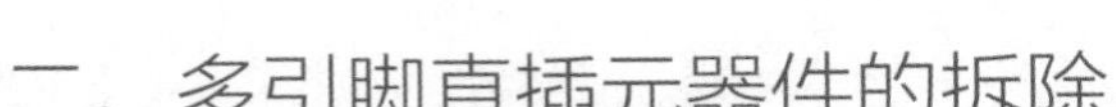

二、多引脚直插元器件的拆除

可用热风枪拆除多引脚直插元器件。将热风枪调至适当温度与风量，用热风枪从电子元器件的一端引脚开始加热，逐渐向另一端引脚移动，加热多引脚直插元器件的所有焊点。由于热风枪移开后温度会下降，因此要在多引脚直插元器件的引脚直插区域来回移动热风枪加热。待所有焊点焊料都熔化后，用镊子等工具夹取电子元器件，将其拆下，如图 4–7 所示。拆除电子元器件后，用电烙铁、吸锡枪或吸锡线去除引脚和印制电路板上的焊料。

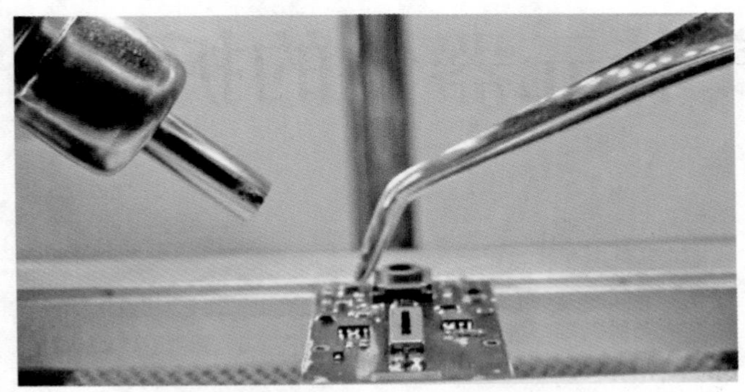

图 4–7　用热风枪加热引脚区域并用镊子夹取电子元器件

技能要求

直插元器件的拆除

一、操作准备

准备焊接好直插元器件的印制电路板、助焊剂、镊子、调温式电烙铁、吸锡枪、吸锡线、空芯针、吸锡电烙铁、热风枪及其他电工工具。

二、操作步骤

使用不同工具练习直插元器件的拆除。

学习单元 2

表面安装元器件的拆除

知识要求

一、用电烙铁拆除表面安装元器件

1. 用常规电烙铁拆除

用电烙铁加热焊点，以使表面安装元器件两端的焊料熔化，用镊子夹取表面安装元器件，如图 4–8 所示。这种方法适用于拆除焊点较小的表面安装元器件。

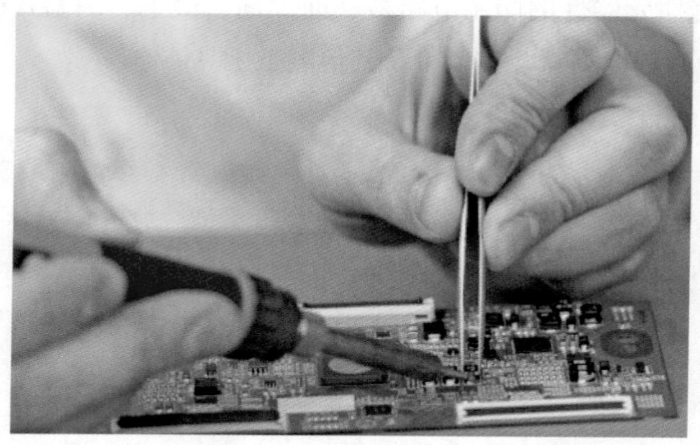

图 4–8　用电烙铁加热焊点并用镊子夹取表面安装元器件

2. 用双头电烙铁拆除两脚表面安装元器件

双头电烙铁是有两个发热头的电烙铁，如图 4–9 所示。用双头电烙铁可同时加热两脚表面安装元器件的两个引脚，如图 4–10 所示。当表面安装元器件两个引脚处焊料熔化后就可以用镊子将表面安装元器件拆除。

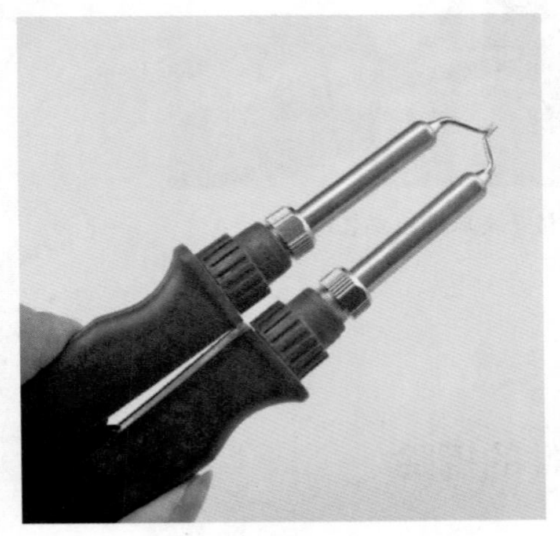

图 4–9 双头电烙铁

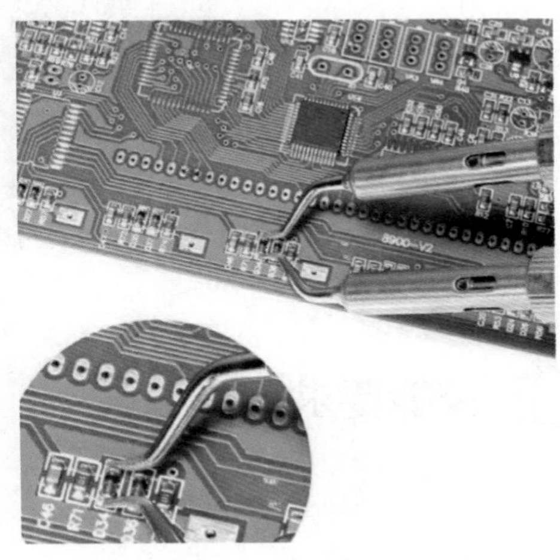

图 4–10 用双头电烙铁同时加热两脚表面安装元器件的两个引脚

二、用热风枪拆除表面安装元器件

热风枪加热较为迅速。将热风枪调至适当温度与风量，对准表面安装元器件焊点进行加热，以熔化焊料，焊料熔化后用镊子夹取表面安装元器件，如图 4–11 所示。热风枪可用于拆除少引脚和多引脚的表面安装元器件。

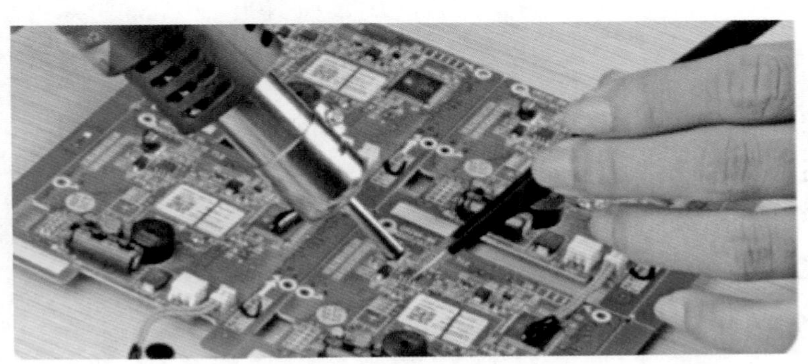

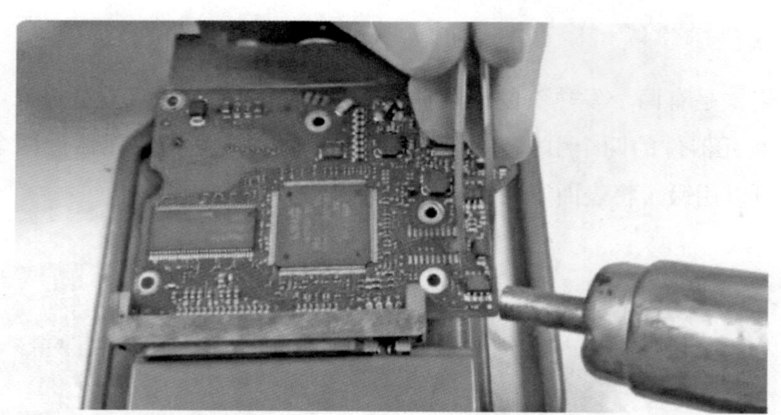

图 4-11　用热风枪加热焊点并用镊子夹取表面安装元器件

技能要求

表面安装元器件的拆除

一、操作准备

准备焊接好表面安装元器件的印制电路板、助焊剂、镊子、调温式电烙铁、热风枪、双头电烙铁及其他电工工具。

二、操作步骤

使用不同工具练习表面安装元器件的拆除。

思考题

1. 简述用电烙铁拆除 2 ~ 3 个引脚直插元器件的步骤。
2. 简述用吸锡线拆除直插元器件的步骤。
3. 简述用吸锡枪拆除直插元器件的步骤。
4. 简述用热风枪拆除表面安装元器件的步骤。

附录1　电子元件焊接专项职业能力考核规范

一、定义

利用焊接材料、焊接工具对导线、电子元器件（含分立元件、集成电路）进行焊接的能力。

二、适用对象

运用或准备运用本项能力求职、就业人员。

三、能力标准与鉴定内容

能力名称：电子元件焊接　　　　职业领域：电子专用设备装调工

工作任务	操作规范	相关知识	考核比重
（一）焊前准备	1. 能认识焊接材料及焊接工具 2. 能检查电烙铁的好坏及使用安全性 3. 能对新烙铁头和有污渍的烙铁头进行处理 4. 能按作业指导书要求正确摆放电子元器件、电烙铁、电路板 5. 能按作业指导书要求将电烙铁调到合适温度	1. 焊接材料、工具的作用 2. 电烙铁使用安全检查及完好性检查内容 3. 新旧烙铁头的处理方法 4. 电子元器件、导线的辨认方法 5. 工作现场整理、整顿规范 6. 电烙铁温度调节的方法	25%
（二）焊接实施	1. 能按工艺要求将分立元件、集成电路、导线焊接在电路板指定位置 2. 能正确进行焊接，焊接中不损坏电路板和电子元器件 3. 能正确使用电烙铁，并在焊接时保持烙铁头干净 4. 能按工艺要求剪切电子元器件引脚 5. 能对焊点进行清洁处理	1. 焊接的机理 2. 手工焊接的工艺要求及步骤 3. 电子元器件的标识方法 4. 电子元器件极性、引脚、封装特点相关知识 5. 电烙铁的使用与保养方法 6. 电子元器件引脚剪切工艺	60%

续表

工作任务	操作规范	相关知识	考核比重
（三）焊接检查及处理	1. 能检查所焊电子元器件的位置、极性、封装是否对应，并进行修正处理 2. 能检查所焊电子元器件是否有歪、斜、浮高现象，并进行修正处理 3. 能检查焊接是否有连锡、假焊、包焊、拉尖、毛刺等现象，并进行修复处理 4. 能按企业管理要求整理、清洁操作现场	1. 电子元器件极性、引脚、封装的识别方法 2. 焊点质量的辨识方法 3. 补焊工艺 4. 企业规范管理常识	15%

四、鉴定要求

（一）申报条件

达到法定劳动年龄，具有相应技能的劳动者均可申报。

（二）考评员构成

考评员应具有相关职业三级 / 高级工以上职业资格（职业技能等级）证书或相关职业中级以上专业技术职务任职资格，并熟知电子元器件焊接的专业知识和操作技能，具有较为丰富的考评工作经验。每个考评组不少于 3 名考评员。

（三）鉴定方式与鉴定时间

鉴定以实际操作的方式进行，鉴定时间为 60 min。

（四）鉴定场地与设备要求

鉴定场地面积不小于 150 m^2，光线充足，整洁无干扰，空气流通，有消防设施。应配备具有 220 V 电源插座的操作台，调温式电烙铁，烙铁架（带海绵），镊子，斜口钳，吸锡枪，锡丝，松香，焊接用的电子元器件、导线、电路板，测试用的万用表，标记用的彩色记号笔等。

附录 2　电子元件焊接专项职业能力培训课程规范

培训任务	学习单元	培训重点和难点	参考学时
（一）焊接准备	1. 焊料、助焊剂	重点：焊料、助焊剂的概念 难点：焊料的种类和特点	2
	2. 焊接工具	重点：焊接工具的种类 难点：吸锡枪、吸锡线的使用方法	2
	3. 电烙铁使用方法	重点：电烙铁的握法、锡丝的拿法 难点：用电烙铁焊接的步骤	4
（二）焊接实施	1. 直插元器件焊接	重点：直插元器件的种类 难点：直插元器件的焊接方法	16
	2. 表面安装元器件焊接	重点：表面安装元器件的种类 难点：表面安装元器件的焊接方法	12
	3. 导线焊接	重点：导线的种类 难点：导线的焊接方法	4
（三）焊接质量鉴定	1. 焊接质量检查	重点：焊接质量要求和检验方法 难点：直插元器件焊接常见缺陷及分析	4
	2. 不合格焊点的修复	重点：标准焊点的要求 难点：不合格焊点的修复方法	4
（四）电子元器件拆除	1. 直插元器件的拆除	重点：2～3 个引脚直插元器件的拆除 难点：多引脚直插元器件的拆除	2
	2. 表面安装元器件的拆除	重点：用普通电烙铁拆除表面安装元器件 难点：用热风枪、双头电烙铁拆除表面安装元器件	2
总学时			52

注：参考学时是培训机构开展的理论教学及实操教学的建议学时数，包括岗位实习、现场观摩、自学自练等环节的学时数。